Workshops machen

KATJA PAAR

# WORKSHOPS MACHEN

## FÜR INSPIRIERTE TEAMS, MEHR KREATIVITÄT & WENIGER BLABLA

CAMPUS VERLAG
FRANKFURT/NEW YORK

MIX
Papier | Fördert gute Waldnutzung
FSC® C089473

ISBN 978-3-593-51771-1 Print
ISBN 978-3-593-45499-3 E-Book (PDF)


Umschlaggestaltung: total italic, Thierry Wijnberg, Amsterdam/Berlin
Umschlagmotiv: © Katja Paar
Mit Illustrationen von Katja Paar
Satz: Publikations Atelier, Dreieich
Druck und Bindung: Beltz Grafische Betriebe GmbH, Bad Langensalza
Beltz Grafische Betriebe ist ein klimaneutrales Unternehmen (ID 15985-2104-1001).
Printed in Germany

Campus Verlag® / www.campus.de

*Für Renate, Kurt und Jörg*

»Individually, we are one drop.
Together, we are an ocean.«

*Ryūnosuke Satoro*

WARUM?
WAS?
WIE?
KONZEPTION
VORBEREITUNG
WÄHREND DES WORKSHOPS
WORKSHOPMETHODEN

# Inhalt

## *gerecht sprechen

Ich bin faul und will meine Sätze nicht verkomplizieren. Aber nur die Hälfte der Gesellschaft mitzumeinen, ist auch kein Weg. Aus diesem Grund habe ich keine der gängigen Sternchen-, Binnen-I- oder Unterstrichformen gewählt, sondern die Abwechslung – auch wenn das ein paar Irritationen erzeugen sollte. Dort, wo es unmöglich ist, unkompliziert neutral zu sprechen (»der Moderierende« ist eben auch ein Mann), verwende ich mal die weibliche und mal die männliche Form, sprich abwechselnd das generische Maskulinum und das generische Femininum. Mögen mir alle Neutralen und Dazwischenliegenden verzeihen und möge die Hoffnung auf eine bessere Lösung für dieses Dilemma nicht sterben.

## Abkürzung

TN = Teilnehmer, Teilnehmerin und/oder Teilnehmerinnen

# Warum gibt es dieses Buch?

## Workshops sind Kollaborationsstarter

Wir leben in wilden Zeiten. Unsere Arbeitswelt befindet sich gerade im Experimentierstadium oder – anders ausgedrückt – in einem fundamentalen Umbruch. Wir wissen, dass die noch immer vorherrschenden Zusammenarbeitsformen des Industriezeitalters hoffnungslos veraltet sind und aktuellen Problemstellungen nicht mehr gerecht werden können. Aber was nun? Alle reden von Selbstorganisation, Kollaboration und Hierarchieabbau und den meisten ist klar, dass sich alles ändern muss. Denn zunehmend komplexe Probleme können nicht mehr innerhalb der bestehenden Systeme gelöst werden. Ganz abgesehen davon, dass viele Menschen einfach nicht mehr in den bestehenden Strukturen arbeiten möchten.

Die ganze Organisation oder gar »das System« zu ändern, ist aber ein großes Unterfangen.

Workshops eignen sich, in kleinen Schritten wirkungsvolle Kollaborationsmethoden zu erproben, statt sich in langatmigen und unproduktiven Meetings zu langweilen. In Workshops kann jeder TN die Auswirkungen guter, kreativer Zusammenarbeit erfahren und das erworbene Wissen weiter in die Welt tragen. Ein guter Workshop ist ein erster Schritt in Richtung besserer Zusammenarbeit.

## Das Buch, das ich mir gewünscht hätte

Damals, als ich angefangen habe, Workshops zu machen, habe ich mir ein Buch gewünscht, das einfach aufgebaut ist, jeden Schritt und jede Methode visualisiert, ohne übermäßig detailreich zu sein, denn die Bedingungen, die TN und die Themen sind sowieso jedes Mal anders. Es wäre gut gewesen, ein Buch zu haben, in dem ich schnell mal nachblättern kann, was ich gegebenenfalls besser oder einfach anders machen könnte, ohne mich durch seitenweise Textwüsten quälen zu müssen. Ich habe mir einen Baukasten gewünscht, der mich inspiriert und der es mir erleichtert, schlaue, abwechslungsreiche und gut funktionierende Workshops zu konzipieren.

So ist dieses Buch entstanden.

# BASICS

# Was ist ein (guter) Workshop?



Oft wird man zu einem Workshop eingeladen und es stellt sich heraus, dass es sich um ein Meeting handelt. Manchmal werden sogar ganz besonders dysfunktionale Meetings »Workshop« genannt. Das hat kein Workshop verdient. Ganz grob ist ein Workshop eine Veranstaltung, bei der gemeinsam etwas erarbeitet wird. Woran erkennt man einen Workshop noch?

- Ein Workshop wird von einer Person moderiert, die inhaltlich nicht beteiligt ist.
- Ein Workshop hat ein Ziel. Am Ende soll etwas entstanden sein, das zuvor nicht da war. Dieses Ziel ist allen TN bekannt.
- Ein Workshop ist auf das Ziel, die TN und die Situation abgestimmt.
- Ein Workshop und dessen Bestandteile sind zeitlich begrenzt, sehr gut geplant und dennoch flexibel.
- Oft ist ein Workshop Teil eines größer angelegten Veränderungsprozesses. In diesem Fall steht ein Workshop nicht für sich allein, sondern ist Teil einer Reihe von Maßnahmen.
- Ein Workshop vermittelt Wissen, wenn es für die Lösung der anstehenden Aufgaben notwendig ist. Idealerweise geschieht das möglichst kurz und in einer Form, in der die TN nicht in eine konsumierende Haltung befördert werden.
- Ein Workshop besteht größtenteils aus praktischen und interaktiven Aufgaben.
- In Workshops werden Aufgaben oft spielerisch gelöst. Der spielerische Anteil eines Workshops ist kein Selbstzweck, sondern trägt maßgeblich zur Qualität der Zusammenarbeit und der Ergebnisse bei.
- Ein Workshop blendet vorhandene Hierarchien zeitweise aus und fokussiert auf die Aufgabe. Die TN agieren auf Augenhöhe.
- Ein Workshop beteiligt alle Anwesenden gleichermaßen an der Lösung der Aufgabe. Der Beitragsanteil aller TN ist etwa gleich hoch.
- In einem Workshop werden Inhalte und Ergebnisse visualisiert.
- Ein Workshop inspiriert die TN, die Aufgabe aus einer anderen Perspektive zu betrachten.
- In einem Workshop wird davon ausgegangen, dass Menschen die Weisheit und Kreativität besitzen, komplexe Herausforderungen zu meistern.
- Ein Workshop gibt den TN das Gefühl eines sinnvollen Tagewerks.
- In einem Workshop entsteht eine positive Energie zwischen den TN – ein Feuer, das auch noch über die Veranstaltung hinaus brennt.

# Was Moderation braucht

*Moderare* bedeutet *mäßigen*. Ich verstehe es als *Zentrieren*, im Sinne der Konzentration auf das Wesentliche. Sowohl in der Konzeption, die spitz auf konkrete Ziele ausgerichtet ist, als auch in der möglichst abschweifungsfreien Durchführung verhält sich die Moderation *zentrierend,* indem sie die TN zurück zur Mitte führt.

So wie jeder Mensch einzigartig ist, ist es auch jeder Moderator. Jede Moderatorenpersönlichkeit entwickelt ihren eigenen Stil. Dennoch gibt es ein paar Voraussetzungen, die dir dein Dasein als Moderator wesentlich erleichtern können:

## Empathie und Interesse

Wie lockt man das Beste aus Gruppen hervor? Das ist die Frage, die Moderatoren immer begleitet. *Das Beste* ist jedoch selten etwas Fachliches oder eine quantitativ messbare Einzelleistung. In Kollaborationssituationen steht immer das Menschliche im Vordergrund. Ein breites Wissen über menschliches Verhalten im Allgemeinen und echtes Interesse an deinen konkreten TN, ihren Zielen und Motivatoren sind gute Voraussetzungen für die Moderationsarbeit. Dein wichtigster Job ist das Schaffen einer vertrauensvollen Atmosphäre unter den TN. Und das gelingt vor allem dann richtig gut, wenn du ihnen vertraust und sie dir.

## Enthusiasmus für Transformation

Du willst Veränderung. Beim Workshop soll etwas entstehen, das zuvor nicht da war. Diese Transformation ist dein Antrieb und deine Herausforderung.

Als Workshopmoderator gibst du dein Bestes, Transformation im gerade anwesenden Team anzustoßen. Deine Konzeption ist darauf ausgerichtet, diese Transformation – Schritt für Schritt, Methode für Methode – zu fördern und zu unterstützen.

## Analyse, Struktur und Vorstellungskraft

Neben Empathie sind auch Struktur und Analyse gefragt. Was du im Briefing, in den Anforderungen und Situationsbeschreibungen erkennst, musst du in Lernbedürfnisse, konkrete und unterstützende Ziele zerlegen und in Aufgaben und Programmpunkte übersetzen. Diese wiederum müssen einem schlüssigen Konzept – einer Art Choreografie – folgen, um die gewünschte Wirkung erzeugen zu können.

Vorstellungskraft brauchst du, wenn du im Kopf verschiedene mögliche Reaktionen oder Szenarien durchgehst, um die Passung deiner Methoden zur Gruppe zu überprüfen.

## Spaß an Sprache

Fragen sollen so gestellt sein, dass sie direkt und ohne innere Widerstände beantwortet werden können. Ziele sollen allein durch ihre Formulierung Energie erzeugen. Cluster müssen mit präzisen Worten zusammengefasst werden. Das alles wird deutlich leichter und besser, wenn du Spaß und Interesse daran hast, die richtige Formulierung zu finden, und Sprache nicht als Kirsche, sondern als essenziellen Teil der Torte betrachtest.

## Konfliktfähigkeit

Wer jedem kleinen Konflikt im großen Bogen ausweicht, ist vielleicht nicht der beste Moderator. Du solltest die Fähigkeit und den Willen mitbringen, bei Bedarf schnell und aktiv mit Konflikten umzugehen, und du solltest damit rechnen, egozentrische TN in ihre Schranken verweisen oder kritische Situationen entschärfen zu müssen.

## Neutralität

Als Moderator nimmt man in der Vermittlung in Konflikten oder bei Entscheidungs- oder Ideenfindungen immer eine neutrale Rolle ein. Liegt dir das?

## Interesse für Fachwissen und Kontexte

Wenn du mit einer Gruppe spezialisierter Programmierer oder Chirurgen arbeitest, musst du dich natürlich nicht in aller Tiefe mit deren fachlichen Herausforderungen auskennen. Dennoch ist es gut, zumindest das Arbeitsumfeld, den Markt, die Prozesse und Rahmenbedingungen deiner TN zu verstehen, um besser mit ihnen arbeiten zu können. Es ist gut, wenn du diese Ausflüge in fremde Branchen eher bereichernd findest als belastend.

# Remote-Workshops



Das hier ist kein Buch über Remote-Workshops. Aber viele der genannten Methoden lassen sich – mit ein wenig Fantasie – auch ins Digitale übertragen. Hier folgen lediglich ein paar Tipps, für den Fall, dass sich TN aus dem Homeoffice oder von unterschiedlichen Erdteilen beteiligen.

- Stell sicher, dass du die Technik bedienen kannst. Bitte als Anfängerin im Vorfeld jemanden darum, den Platz der Moderatorin einzunehmen, und schau dir deinen Workshop aus der TN-Perspektive an.
- Remote-Workshops macht man am besten zu zweit. Eine der Moderatorinnen ist dabei vorrangig für technische Belange zuständig.
- Die TN müssen sich mit der verwendeten Software auskennen oder brauchen zu Beginn Zeit, sich damit auseinanderzusetzen. Gib ihnen zu Anfang ein paar kleine Nutzungsaufgaben, welche sie im Lauf des Workshops benötigen (ein Post-it erzeugen und anheften, in einen Breakout-Room wechseln, ein Bild einfügen ...). Stell sicher, dass alle verstanden haben, wie die Basics funktionieren.
- Beschränke dich auf wenige Tools, zum Beispiel: mündlich austauschen auf Zoom, zusammenarbeiten mit Miro, abstimmen auf Mentimeter. Weniger ist mehr.
- Das Energielevel in einem Remote-Workshop ist nicht mit dem eines normalen Workshops vergleichbar. Deshalb sollte das Timing angepasst werden. Ich empfehle, die täglichen Slots auf maximal 3 Stunden zu begrenzen und jede Stunde eine 10-minütige Pause einzulegen.
- Bringe die TN eines Remote-Workshops dazu, sich per Video zu zeigen, und lege noch mehr Wert auf gegenseitiges, emotionales Kennenlernen. Das erhöht die Chancen auf eine gute Zusammenarbeit.
- Hybride Workshops (teils remote, teils physisch anwesend) sind nur sehr bedingt empfehlenswert. Wenn du das richtig gut hinkriegen willst, benötigst du deutlich mehr Vorbereitungszeit, Erfahrung und viel spezialisierte (und teure!) Technik nebst einer Person, die sich ausschließlich darum kümmert. Hast du das nicht, rate ich: Lass es!

# WARUM WORKSHOPS MEHR DENN JE GEBRAUCHT WERDEN

# Dysfunktionale Systeme

Vor gar nicht allzu langer Zeit sah es in den Vorstandsetagen größerer Unternehmen noch so aus: In mahagoniholzvertäfelten Räumen wurde das Schicksal der Welt von Männern in Anzügen entschieden. Es gab patriarchalische Strukturen, lange Entscheidungswege über mehrere Hierarchieebenen hinweg, Anweisungen, Gremien und Silos.

Das ist glücklicherweise ein veraltetes Bild vom idealen Unternehmen. Dennoch: Mindset und Prozesse ändern sich nur sehr langsam.

Auf der anderen Seite steht die neue Welt. Sie ist geprägt von Selbstorganisation und Selbstreflexion, Agilität, echter statt nur dahingesagter Kundenorientierung und vor allem von einem: Teamwork auf Augenhöhe.

Während die eine Welt zunehmend verschwindet und sich die andere ausbreitet, werden beide Welten noch lange zusammenarbeiten.

Workshops bauen Brücken zwischen der alten und der neuen Welt. Die Mitglieder der neuen Welt lernen aus den Erfahrungen der alten, und die Mitglieder der alten Welt kommen aus ihrem Kokon und erfahren, wie viel besser und einfacher es ist, Mitarbeitern echtes Vertrauen entgegenzubringen.

DENKEN
HANDELN

# Das tayloristische Weltbild





Frederick Winslow Taylor prägte den vor etwas mehr als 100 Jahren entstandenen *Taylorismus.*[1] Das Wesentliche dieses Prinzips ist die Trennung von Denken und Handeln im industriellen Arbeitskontext. »Oben«, im Management, wurde gedacht, und »unten«, bei den Arbeitern, wurde gemacht. Administration und Operation waren strikt getrennt.

Arbeit war so organisiert, dass die Ausführenden nicht denken, keine Fragen stellen und in kleinen, genau definierten und voneinander isolierten Schritten einfach ihren Job erledigen sollten.

Was in der industriellen Fertigung praktisch, wenn auch unmenschlich war – denn Prozesse wiederholten sich unaufhörlich und man wusste am Anfang des Prozesses ziemlich genau, was am Ende herauskam –, erweist sich heute als großes Hindernis. Noch immer stecken viele Unternehmen bis zum Hals im Industriezeitalter.

Doch in komplexen, dynamischen Arbeitsumfeldern und Märkten steht das Ergebnis am Prozessbeginn eben noch nicht fest, und deshalb sind Flexibilität, Kreativität, Resilienz und Eigenverantwortung statt des Widerholens immer gleicher Arbeitsabläufe gefragt.

Es wird immer noch viel zu oft mit den langsamen, bürokratischen Top-down-Methoden des Industriezeitalters gearbeitet, wo doch jeder kluge Kopf so dringend gebraucht wird.

Eine tayloristische Denkweise macht sich zum Beispiel bemerkbar, wenn jemand meint, dass der Job, den ein Entwickler in neun Tagen erledigt, auch von neun Entwicklern an einem Tag gemacht werden könne.

1 Frederick Winslow Taylor: *Die Grundsätze wissenschaftlicher Betriebsführung*, München/Berlin 1922

TAME PROBLEMS
SITUATION
LÖSUNG
WEG ZUR LÖSUNG
WEG ZUR LÖSUNG
SITUATION
LÖSUNG
WICKED PROBLEMS

# Verzwickte Probleme





Alle fühlen es: Die Welt von heute ist VUCA![2] Sie verändert sich schnell, alles ist unsicher und unvorhersehbar, viele Dinge sind extrem komplex und obendrein in ihrer Bedeutung leicht misszuverstehen. Manche sagen sogar, VUCA hätte als Modell ausgedient und BANI (*brittle, anxious, non-linear, incomprehensible*, also spröde, ängstlich, non-linear, unverständlich) würde den Zustand der heutigen Welt besser abbilden.[3] So oder so: Die Probleme und Herausforderungen werden verzwickter, und wir brauchen die Fähigkeit, damit umzugehen.

## Wicked versus Tame Problems

Bei *Tame Problems* – also zahmen Problemen – geht es darum, von einem bekannten Ist-Zustand über einen mehr oder weniger bekannten Weg zu einem verbesserten Soll-Zustand zu gelangen. Verzwickte Probleme – *Wicked Problems* – verändern sich jedoch mit jeder Intervention.[4]

Oft ist der Ist-Zustand kaum zu definieren, weil er zu komplex oder einfach flexibel ist, der Soll-Zustand ist ebenfalls beweglich und verändert sich im Laufe der Arbeit. Und dementsprechend ist der Weg – von unbekannt zu unbekannt – ebenfalls unklar. Die Lösungen verzwickter Probleme sind nicht richtig oder falsch, sondern besser oder schlechter.

Probleme in unserem Arbeitsumfeld sind heute in den meisten Fällen nicht mehr zahm, sondern tendenziell verzwickt. Es gibt viele, kaum zu beherrschende Einflussfaktoren, viele Beteiligte mit komplexen, undurchsichtigen Absichten, und jedes Problem ist einzigartig. Detailliert vorgeschriebene Prozesse sind daher nicht mehr sinnvoll. Managerinnen und Mitarbeiterinnen müssen heute vor allem resilient sein und sich flexibel und kreativ auf neue Situationen einlassen können.

Komplexe und verzwickte Probleme lassen sich weder ohne tiefe, fachliche Kompetenzen aus unterschiedlichen Richtungen noch ohne verschiedene Perspektiven und gegenseitige Inspiration lösen. Eine enge, kreative und kollaborative Zusammenarbeit auf Augenhöhe ist relevanter denn je.

---

2 VUCA bedeutet *volatile, uncertain, complex, ambiguous*. Siehe Oliver Bendel: »VUCA«, https://wirtschaftslexikon.gabler.de/definition/vuca-119684

3 James Cascio: »Facing the Age of Chaos«, in: *Medium*, 29.04.2020, https://medium.com/@cascio/facing-the-age-of-chaos-b00687b1f51d

4 Horst W.J. Rittel und Melvin M. Webber (1973): »Dilemmas in a General Theory of Planning«, in: *Policy Sciences*, 4(2), S. 155–169

GEGENSEITIGE UNTER-STÜTZUNG
KONFLIKT-OFFENHEIT
INKLUSION
RISIKEN EINGEHEN
FEHLER-TOLERANZ
UM HILFE BITTEN
WERT-SCHÄTZUNG
Psychologische Sicherheit

# Psychologische Sicherheit

Was bringt es, die schlauesten Leute zu versammeln, wenn sie ihren Ideenreichtum nicht ausspielen können? Google hat in der Studie »Project Aristotle« Hunderte von Teams über einen längeren Zeitraum untersucht und herausgefunden, dass der grundlegende Faktor für funktionierende Teams die *psychologische Sicherheit* ist. Teams, in denen die psychologische Sicherheit hoch ist, sind performanter als andere und liefern bessere Ergebnisse.[5]

Psychologische Sicherheit[6] beschreibt, vereinfacht gesagt, das Gefühl des einzelnen Teammitglieds, dass es im Team gut aufgehoben ist. Dabei spielen Fehlertoleranz, Offenheit, Verzeihen und der Umgang mit Kritik eine wesentliche Rolle. Jemand fühlt sich psychologisch sicher, wenn er sich im Team ohne Angst vor Verurteilung traut, auch halbgare oder unsinnige Ideen zu äußern, oder wenn er aus der Deckung kommt, um seinen Chef auf einen kardinalen Fehler hinzuweisen.

Eine gesunde Fehlerkultur, ein »Fail Forward«, also ein Umfeld, in dem das Team aus Fehlern wirklich lernt, ist nur bei gleichzeitiger psychologischer Sicherheit möglich. Dabei muss keine Kuschelatmosphäre herrschen, sondern vor allem gegenseitige Offenheit.

Einer der Indikatoren für hohe psychologische Sicherheit ist *Conversational Turn Taking*, also ein ungefähr gleichmäßig verteilter Redeanteil.

In guten Workshops wird dafür gesorgt, dass sich Teams besser kennenlernen, sich sicher fühlen, gemeinsame Ziele und kreative Ideen entwickeln und natürlich auch, dass alle zu Wort kommen.

5 Charles Duhigg: »What Google Learned From Its Quest to Build the Perfect Team«, in: *The New York Times Magazine*, 25.02.2016, https://www.nytimes.com/2016/02/28/magazine/what-google-learned-from-its-quest-to-build-the-perfect-team.html

6 Amy Edmondson: *The Fearless Organization*, Hoboken 2019

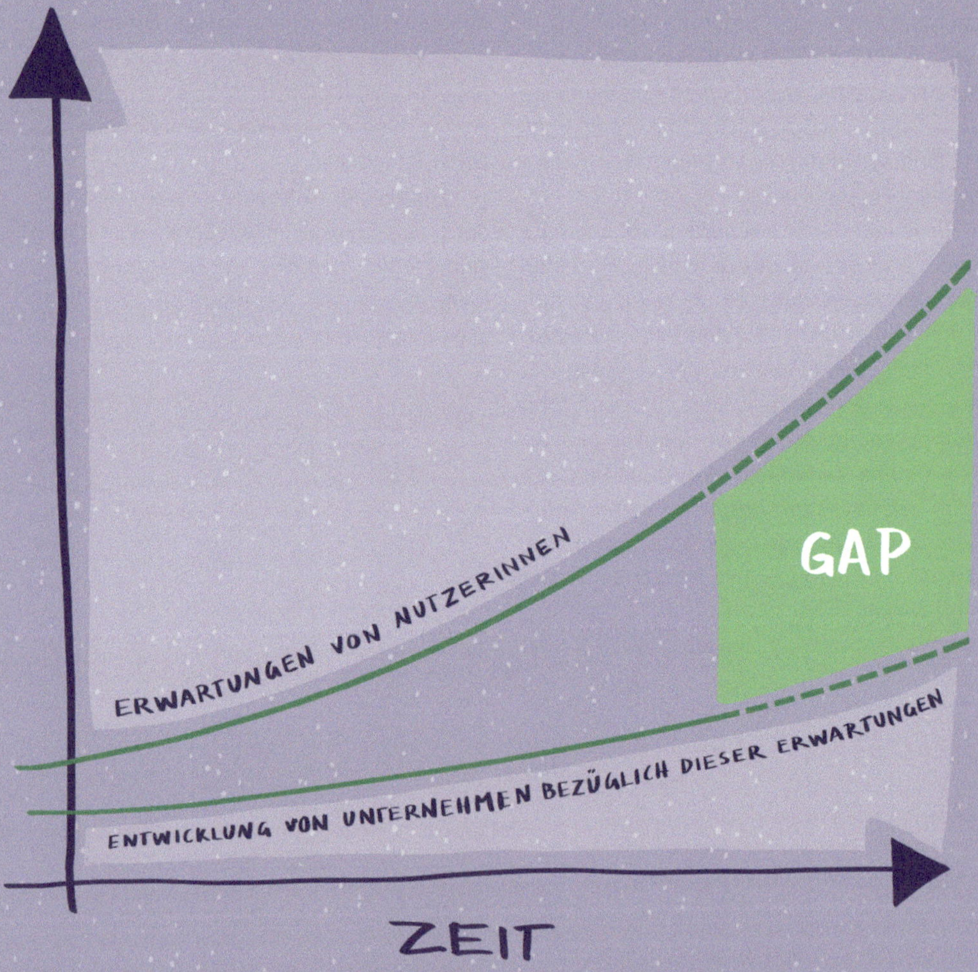

ERWARTUNGEN VON NUTZERINNEN
GAP
ENTWICKLUNG VON UNTERNEHMEN BEZÜGLICH DIESER ERWARTUNGEN
ZEIT

## Digitalisierung

Themen der Digitalisierung haben Kollaboration in besonderem Maß nötig. Sie sind komplex, benötigen Kompetenzen und Perspektiven aus vielen unterschiedlichen Fachbereichen und bewegen sich zudem oft in Unternehmenslandschaften, die immer noch nicht gut auf sie vorbereitet sind.

Das Kernproblem der Digitalisierung ist dabei kein technisches. Es geht vielmehr darum, dass Kundinnen, Mitarbeiterinnen und andere Nutzerinnen in vielen Bereichen ihres Lebensumfelds sehen können, was heute bereits möglich ist, und dann enttäuscht sind, wenn diese Möglichkeiten ihnen nicht zur Verfügung stehen. Dabei müssen diese Probleme nicht einmal im primären Sinne »digital« sein. Vielmehr geht es um unerfüllte Erwartungen, besonders im Zusammenspiel der verschiedenen Touchpoints. Zum Beispiel: Wer häufig beim Marktführer online bestellt und seine Bestellung am nächsten Tag bekommt, dem kommen bereits drei Tage Lieferzeit bei einem anderen Anbieter wie eine Ewigkeit vor. Oder nehmen wir die Enttäuschung über die vielgerühmte »deutsche Effizienz«, die Menschen aus anderen Ländern erleben, wenn sie bei einer Berliner Behörde Papiere beantragen: Nicht etwa wie erwartet schnell und online, sondern vor Ort in grauen, schäbigen Räumen, mit schlecht gelaunten, monolingualen Sachbearbeiterinnen und langen Wartezeiten.

Wenn man digitale Projekte erfolgreich machen will, ist es nötig, das analoge und digitale Umfeld und alle dazugehörigen Player miteinander zu verbinden. Das Wissen und die Bedürfnisse dieser Stakeholder müssen mit einbezogen werden.

Um dieses Gap zu schließen, ist kollaborative Problemlösung und Ideenfindung gefragt. Besonders bei Fragen der Digitalisierung müssen die Kunden, die Patienten, die Mitarbeiter, die Gäste, die Passagiere – kurz gesagt, die Anwender der digitalen Lösungen mit ins Boot. Zum Beispiel in Workshops.

# WAS WORKSHOPS KÖNNEN

ICH WILL JUNGE LEUTE ERREICHEN!
ICH WILL EINE NEUE INFRASTRUKTUR!
ICH WILL ZAHLEN!
MARKETING
IT
SALES

# Zielkonflikte sehen und auflösen

Jedes Teammitglied verspricht sich etwas vom kommenden Projekt. Jede Führungskraft legt auf bestimmte Ziele mehr Wert als auf andere.

Oft genug haben die Projekt-TN ein und desselben Projekts vollkommen unterschiedliche Ziele. Auch wenn das chaotisch klingt, sind diese Ziele doch meistens nachvollziehbar: Arbeitserleichterung für sich selbst und für das eigene Team, die Verwendung der neuesten, brandheißen Tools, sich neuen Herausforderungen der jeweiligen Kompetenzrichtung stellen und alle möchten natürlich in einem guten Licht dastehen – vor sich selbst, vor dem Chef, vor den Kollegen.

Zudem sehen alle mit der Brille ihrer Situation oder ihres Fachbereichs auf das Problem und entwickeln dabei eigene Sichtweisen und Prioritäten. Natürlich will Sales zu allererst verkaufen und Design einen bleibenden Eindruck hinterlassen.

Wünsche und Ziele dieser Art werden oft nicht transparent gemacht, was zu großen Konflikten im Projekt führen kann. Werden diese Ziele größer als die offiziellen Projektziele, besonders wenn einflussreiche Player dahinterstecken, wird das Ganze manchmal als »Hidden Agenda« bezeichnet.

In einem guten Workshop werden fachliche und persönliche Ziele abgefragt und berücksichtigt. So lernen alle TN die Motivationen ihrer Kollegen kennen. Aber nicht nur das. Denn im Workshop kommen auch die gemeinsamen Ziele ans Licht. Es entsteht ein abgestimmtes, holistisches Bild, das als roter Faden für die kommende Zusammenarbeit dient.

# Gemeinsame Bilder entstehen lassen

Unser Gehirn liebt Bilder. Die ersten Schriften wurden vor etwa 5 000 Jahren erfunden, von Menschen gemachte Bilder gibt es schon seit mindestens 40 000 Jahren. Wir sind – menschheitsgeschichtlich gesehen – viel geübter in der Wahrnehmung von bildlichen Darstellungen. Mehr als 50 Prozent des menschlichen Gehirns sind auf die Wahrnehmung und Verarbeitung visueller Reize spezialisiert.[7]

Da Ziele, Ideen und andere Ergebnisse des Workshops visuell und für alle sichtbar festgehalten werden, manifestieren sie sich nicht nur als Wörter, sondern auch als Bilder.

Wir prägen uns Bilder nicht nur gut ein, sondern sie helfen uns auch, gemeinsame Vorstellungen zu entwickeln und Dinge im gleichen Kontext wie unsere Mitstreiterinnen zu sehen.

Ein Bild, das mit der Kreativität aller Beteiligten gemeinsam entwickelt wurde, ist eine Basis, die lange trägt.

7 Christian Bellebaum, Patrizia Thoma und Irene Daum: *Neuropsychologie*, Wiesbaden 2012

# Blabla verhindern

Wer kennt sie nicht? Die Alphatypen, die Vielquatscher, die Monologisierer.

In klassischen Meetings ist der Redeanteil oft sehr ungleichmäßig verteilt. Einfach, weil es die einen gibt, die reden, und die andere, die schweigen.

Die Schweigenden verlassen die Zusammenkunft frustriert, weil ihre Meinung nicht gehört wurde. Die Redenden wundern sich, dass trotz ihrer Energie und Initiative das Projekt nicht läuft und die anderen nicht einfach ihren genialen Ideen folgen.

Aber ein gleichmäßig verteilter Redeanteil ist nicht nur ein Indikator für hohe psychologische Sicherheit, sondern auch ein guter Katalysator für die Ideenumsetzung.

In guten Workshops sind alle gleichermaßen beteiligt. Workshops geben sogar den Introvertierten die Möglichkeit, ihre Ideen und Meinungen zu äußern, ohne laut zu werden. Und die Alphatypen kommen natürlich auch zu Wort – nur ein bisschen seltener.

# Positive Kollaborationserfahrungen schaffen

Dadurch dass Workshops auf Effizienz ausgelegt und eng getaktet sind, macht die Gruppe eine kollektive Erfahrung: Wir können gut zusammenarbeiten und in kürzester Zeit sinnvolle Ergebnisse produzieren.

Das ist gerade beim Einstieg in ein Projekt wichtig, denn häufig besteht eine zunächst fragende, wenn nicht sogar misstrauische Grundstimmung. Kann ich gut mit denen? Wird mir zugehört? Bringen wir gemeinsam etwas zustande, für das sich die Arbeit wirklich lohnt?

Weil so ein Workshop nicht nur gut funktioniert, sondern obendrein Spaß macht und für ein ganz neues Teamgefühl sorgt, werden diese Fragen positiv beantwortet und viele klassische Anfangskonflikte lösen sich direkt in Luft auf.

Aber es geht noch darüber hinaus: Gerade in Organisationsumgebungen, die von starken Hierarchien oder Regeln geprägt sind, können positive Kollaborationserfahrungen zu ganz neuen Erkenntnissen über die Zusammenarbeit führen. Wenn nach einem Workshop nur eine einzige TN verstanden hat, dass die Ideenfindung in einem Team mit unterschiedlichen Kompetenzen viel besser funktioniert als allein unter der Dusche, und sie daraufhin bei der Entwicklung größerer Lösungen ihr Umfeld miteinbezieht, kann das einen sehr großen Stein ins Rollen bringen.

# Die Umsetzungswahrscheinlichkeit erhöhen





Nehmen wir an, ein großes Unternehmen mit talentierten Mitarbeitern sucht nach neuen Produktideen und heuert dafür einen Dienstleister an. Dieser findet nach kurzer Zeit eine sehr gute, umsetzbare Lösung und stellt sie vor. Wie hoch ist die Akzeptanz dieser Lösung bei den talentierten Mitarbeitern? Wahrscheinlich sehr gering.

In solchen Fällen schlägt das NIH-Syndrom zu (NIH = *not invented here*). Gemeint ist ein *kognitiver Bias,* ein automatischer Reflex des Zweifels an einer Idee, die nicht in der eigenen Gruppe entstanden ist. Die fremde Lösungsidee wird so lange kritisch beäugt und durch die Mangel genommen, bis sie verschämt in einer Schublade verschwindet.[8]

Selbst erarbeitete Lösungsansätze hingegen erhöhen die Umsetzungswahrscheinlichkeit.

Wenn die talentierten Mitarbeiter gemeinsam mit dem Dienstleister eine Lösung entwickeln, steuern alle ihre Expertise bei. Und mal ehrlich: Die Mitarbeiter haben deutlich mehr Ahnung, mehr Erfahrung und mehr Informationen über das konkrete Geschäft des Unternehmens, als sich der Dienstleister je aneignen könnte.

Der Dienstleister begleitet diesen Prozess nicht als Ideengeber, sondern als Ideenkatalysator. Er moderiert den Prozess mit Methode und hilft dabei, gute Ideen zu bergen. Und die Mitarbeiter machen das, was sie am besten können: sich mit der Materie auskennen.

Gemeinsam erzeugte Ideen verschwinden nicht in der Schublade.

Workshops unterstützen die Bergung guter Ideen aus den Tiefen und Untiefen der Gehirne talentierter Mitarbeiter und sorgen für eine hohe Motivation bei der Umsetzung.

8 Ralph Katz und Thomas J. Allen (1982): »Investigating the Not Invented Here (NIH) syndrome: A look at the performance, tenure, and communication patterns of 50 R&D Project Groups«, in: *R&D Management,* 12(1), S. 7–20

# Schnell Probleme lösen

Wer kennt sie nicht? Endlose Meetingreihen. Ein ums andere Mal trifft sich ein Projektteam, um die immergleichen Probleme zu wälzen. Wenn mit steigender Anzahl der Meetings immer mehr relevante Stakeholder fehlen – beim ersten Treffen sind noch alle da, beim zweiten fehlt schon mindestens ein Entscheider, beim dritten kommt etwas dazwischen, beim vierten sind es nur noch zwei, die sich nicht so gut auskennen – dann nimmt das Problemewälzen und Aufgabenlösen oft eine horoskopische Qualität an.

Ein Workshop findet in einem festgelegten Zeitrahmen statt. Jeder Schritt ist geplant, und die Form des Ergebnisses (nicht der Inhalt!) steht im Vorfeld fest. Da alle beteiligt und gefordert sind, ist ein Workshop nur für die Allerwenigsten eine Zeitverschwendung. Workshops konzentrieren sich auf das Wesentliche, moderieren zwischen dem Wichtigen und dem momentan Sinnlosen, und fördern damit rasche, sinnvolle und für alle TN transparente Ideenfindungsprozesse und Entscheidungen.

Selbstverständlich braucht es für einen gut strukturierten Workshop Vorbereitungszeit sowie die Anwesenheit und Mitarbeit aller TN. Aber wie man in der untenstehenden Beispielrechnung sieht, benötigt ein Workshop meist weniger Zeit als Meetings und liefert zudem zuverlässigere Ergebnisse.[9]

| **Workshop** | | **Meetingreihe** | |
|---|---|---|---|
| Konzeption und Moderation | 20 h | 10 TN mal fünf Meetings à 2 h | 100 h |
| 10 TN mal 6 h | 60 h | | |
| Vorhersehbare Ergebnisse | ✓ | Vorhersehbare Ergebnisse | ✗ |
| Positive Kollaborationseffekte | ✓ | Positive Kollaborationseffekte | ✗ |
| An einem Tag erledigt | ✓ | An einem Tag erledigt | ✗ |
| | **80 h** | | **100 h** |

9 Diese Beispielrechnung ist dazu da, sehr kritisch hinterfragt zu werden. Sie soll vor allem die genannten Effekte illustrieren. Am besten, du rechnest einfach mal am Beispiel eines von dir erlebten Ideenfindungs- und/oder Entscheidungsprozesses nach, ob diese Effekte auch auf dein Umfeld zutreffen.

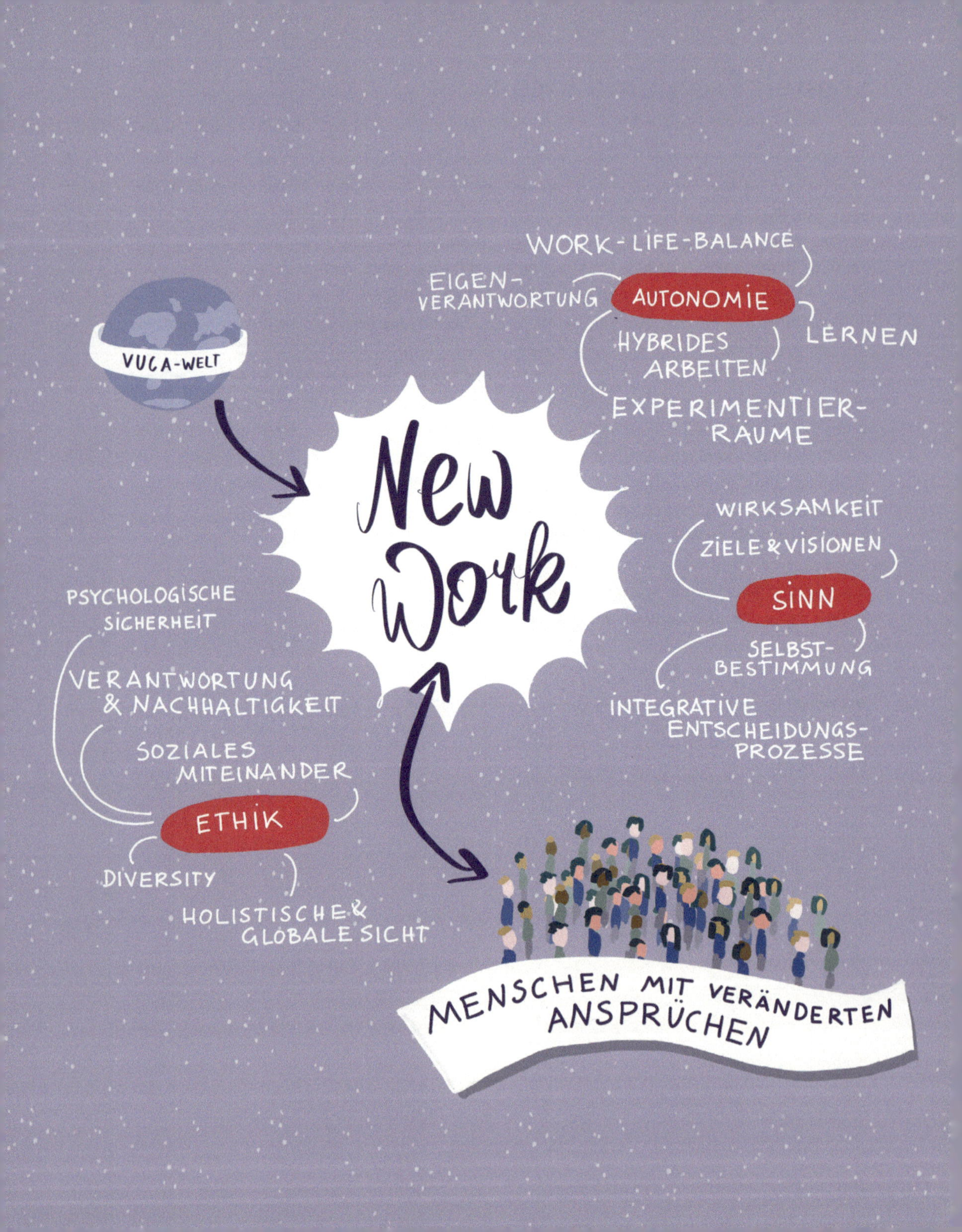
VUCA-WELT
New Work
WORK-LIFE-BALANCE
EIGEN-
VERANTWORTUNG
AUTONOMIE
LERNEN
HYBRIDES
ARBEITEN
EXPERIMENTIER-
RÄUME
WIRKSAMKEIT
ZIELE & VISIONEN
SINN
SELBST-
BESTIMMUNG
INTEGRATIVE
ENTSCHEIDUNGS-
PROZESSE
PSYCHOLOGISCHE
SICHERHEIT
VERANTWORTUNG
& NACHHALTIGKEIT
SOZIALES
MITEINANDER
ETHIK
DIVERSITY
HOLISTISCHE &
GLOBALE SICHT
MENSCHEN MIT VERÄNDERTEN
ANSPRÜCHEN

# Neues Arbeiten ausprobieren und Mitarbeiter binden

Junge Arbeitnehmer krempeln gerade den Arbeitsmarkt um. Sie sind weniger zahlreich als in älteren Generationen, sie sind heiß umworben und sie haben, schon alleine aus diesen Gründen, hohe Ansprüche an ihr Arbeitsumfeld.

Neben guter Bezahlung und flexiblen Arbeitszeiten ist ihnen alles wichtig, was heute unter dem Begriff *New Work* zusammengefasst wird: sinnstiftendes Arbeiten, Selbstwirksamkeit und Eigenverantwortung sowie offene Kommunikation und Wertschätzung. Das sind für viele unter ihnen essenzielle Voraussetzungen für eine attraktive Arbeitsumgebung.

Aber auch alle anderen können mit ausgeprägten Hierarchien, engmaschigem Controlling und überzogenem Profitdenken nur noch wenig anfangen. Ein in allen Generationen ständig wachsendes Bewusstsein, dass dieses Mindset den Menschen, der Gesellschaft und dem Planeten schadet, ist der Grund dafür.

Gerade in formelleren Umgebungen ist ein Workshop oft die einzige Gelegenheit, um auf Augenhöhe zusammenzuarbeiten. Nicht nur die junge Generation empfindet das als ungemein befreiend.

In Workshops kann dieses Mindset unkompliziert ausprobiert werden. Erfahrene Manager können dabei ein Gespür dafür entwickeln, wie großartig sich Ergebnisoffenheit, Gleichberechtigung und echte Kollaboration anfühlen. Sie sehen, wie überzeugend die Ergebnisse sind und vor allem, welche Potenziale im Unternehmen derzeit noch ungenutzt sind.

Mögen diese Erkenntnisse Inspiration sein für eine Transformation hin zu einer besseren Arbeitswelt.

# WORKSHOPS KONZIPIEREN

1.
WAS WOLLEN WIR ERREICHEN?
ACHTUNG: WORKSHOP-ZIELE VS. PROJEKTZIELE !!!
2.
WEN BRAUCHEN WIR DAZU?
WER KENNT SICH AUS? WER KANN ENTSCHEIDEN?
3.
WIE QUETSCHE ICH DAS IN DIE KURZE ZEIT?
AUSPROBIEREN & PRIORISIEREN

# Drei Fragen

Die drei wesentlichen Fragen für die Konzeption eines Workshops sind folgende:

- Was wollen wir erreichen?
- Wen brauchen wir dazu?
- Wie quetsche ich das in die kurze Zeit?

## 1. Was wollen wir erreichen?

Die Frage zielt darauf ab, was nach Ablauf des Workshops anders sein soll als zuvor. In mehreren Runden entwickelst du – gegebenenfalls gemeinsam mit einem Auftraggeber – ein Zielbild für den Workshop oder bereits eine grobe Zusammenstellung. Die Fragen dafür findest du auf ⇢ S. 53, »Fragen fürs Briefing«.

Falls im Workshop eine Strategie oder Ideen für ein darauffolgendes Projekt entwickelt werden, muss ganz besonders darauf geachtet werden, die Ziele des Projekts (zum Beispiel eine App zu entwickeln) nicht mit den Zielen des Workshops (beispielsweise Ideen für die betreffende App zu generieren) zu vermischen.

**Tipp:** Für die Differenzierung der Workshopziele von den Zielen des kommenden Projekts ist es ratsam, im Workshop zwei Plakate mitzubringen. Eines trägt die Überschrift »Ziele heute«, das andere heißt »Projektziele«. Falls die Projektziele noch undefiniert sind, kann das auf dem Plakat vermerkt werden. Wichtig ist eine klare Trennung dieser beiden Zielarten.

## 2. Wen brauchen wir dazu?

Je nach Zielstellung des Workshops sind TN gefragt, die sich fachlich mit den Themen des Workshops auskennen, zum Beispiel Callcenter-Mitarbeiter mit den Kundenbedürfnissen oder Programmierer, wenn es um Prozesse in der IT geht. Hier lohnt es sich meist, Organigramme oder Rollenbeschreibungen zu studieren und Fragen zu den jeweiligen Zuständigkeitsbereichen und Mindsets zu stellen, um die richtige Mischung zusammenzustellen.

## Häufig passieren folgende »Fehler«:

- **Es kommen nur Entscheider.** → Das hat zur Folge, dass wichtige Details aus den operativen Bereichen übersehen werden.

- **Es kommen nur operative Mitarbeiter oder »Vertreter« von Entscheidern.** → Das hat zur Folge, dass Entscheidungen, die im Workshop gefällt werden, oder Maßnahmen, die entwickelt werden, von den Entscheidern nicht verstanden oder mitgetragen werden. Im Nachgang sind sehr viele Abstimmungsrunden notwendig.

- **Es kommen zu viele TN, die »auch mal Spaß an etwas anderem haben«.** → Ein Workshop verkraftet das in der Regel, hier sollte jedoch darauf geachtet werden, dass die Spaß-TN nicht mehr als circa 15 Prozent der Gesamt-TN ausmachen.

- **Es kommt ein bekannter »Workshopgegner« oder TN mit einer »Ist doch alles schon geklärt«-Haltung.** → Das führt manchmal zu ungewünschten Störungen der Gruppe – verbal und emotional. Auch das verkraftet ein Workshop. Wenn es vermeidbar ist, versuche diese Situation zumindest so lange zu umgehen, bis du mehr Sicherheit gewonnen hast. Workshopgegner sind nicht zu verwechseln mit TN, die dem Thema gegenüber kritisch eingestellt sind. Letztere können sehr gute, neue Perspektiven einbringen.

Erläutert man den Auftraggebern diese Effekte, führt das meistens zu einer besseren Besetzung. Die Anwesenheit von Endkunden oder der Zielgruppe erfordert eine Ausrichtung des Workshops auf eben diese. Das ist sehr gut, wenn es im Wesentlichen darum gehen soll, ein Bewusstsein für deren Bedürfnisse herzustellen und deren (teilweise wirklich nicht positiven) Beurteilungen zu bestimmten Services oder Produkten kennenzulernen.

## 3. Wie quetsche ich das in die kurze Zeit?

In der Regel wird dir eine Zeit vorgegeben oder du gibst nach einer groben Erstkonzeption eine Empfehlung ab, wie lange der Workshop unter den gegebenen Voraussetzungen dauern sollte. Ein Tag bedeutet eine effektive Arbeitszeit von circa 6 bis 7 Stunden (inklusive Pausen und Mittagessen).

Eine ein- bis mehrtägige Pause zwischen zwei Workshopteilen ist günstig, wenn die bereits erarbeiteten Themen bereinigt, geclustert oder für die Weiterarbeit aufbereitet werden müssen. Zudem können die TN neue Energie tanken.

Im Kernteil eines Workshops halte ich eine Mischung aus den folgenden Methodenarten für idealtypisch (die Prozentzahlen beziehen sich auf deren idealen Zeitanteil):

- **Vorbereitende, theoretische Anteile**, in denen man notwendiges Wissen vermittelt, das für die Lösung der kommenden Aufgaben nötig ist. Die TN sind hier Rezipienten – **10 Prozent**
- **Spielerische oder Awarness-Methoden**, die den TN helfen, Vertrauen aufzubauen, sich in bestimmte Situationen hineinzuversetzen, ihre Denkmuster zum Beispiel auf eine Ideenfindungsphase vorzubereiten oder einfach nur Energie nach dem Mittagessen zurückzugewinnen – **20 Prozent**
- Und natürlich **Methoden zu konkreten Fragen und Aufgabenstellungen**, welche die gewünschten Ergebnistypen liefern – **70 Prozent**

Ein Übergewicht an konkreten Fragen und Aufgabenstellungen, also eine sehr rationale Ausrichtung des Workshops, führt oft zu Langeweile und enthält weniger Möglichkeiten zum Erkenntnisgewinn. Wissen kann dann weniger gut verfestigt werden, und die TN erinnern sich nicht mehr so gut und gerne an den Workshop. Ein Übergewicht an Hilfsmodulen und spielerischen Methoden hingegen liefert nicht die gewünschten faktischen Ergebnisse. Ideal ist eine bereits spielerische Aufgabenstellung. Natürlich sind diese Anteile Geschmacksache und vor allem situationsabhängig. Die dargestellten Werte sollen lediglich Orientierung geben.

Die Berechnung der genauen Zeiten passiert in der Konzeption → siehe S. 55, »Vorgehen bei der Konzeption«. Wie ein detaillierter Plan für den Workshop aussieht, findest du auf → S. 59, »Die detaillierte Agenda«.

# Fragen fürs Briefing

Bevor du anfängst zu konzipieren, ist eine enge Abstimmung mit dem Auftraggeber und im Idealfall den TN notwendig. Aber auch wenn du selbst den Workshop organisierst, solltest du dir diese Fragen weitestgehend beantworten können:

## Was sind die Ziele?

- Was ist der Anlass? Was soll nach dem Workshop anders sein als zuvor?
- Wie ist die derzeitige Situation? Je nach Ziel: Unternehmen, Markt, Umfeld, Projekt, Ereignisse, jüngere Änderungen, Stimmung im Team und so weiter.
- Was wird erhofft? Was passiert, wenn nichts passiert?
- Warum konnte das Ziel bisher nicht erreicht werden? Fehlt Wissen oder Bewusstsein? Gibt es Hindernisse in der Organisation? (Erst wenn das Warum bekannt ist, können sinnvolle »Gegenmaßnahmen« konzipiert werden.)
- Gab es schon andere Initiativen, die versucht haben, diese Ziele zu erreichen? Welche? Was waren die Ergebnisse? Beziehungsweise: Warum sind sie gescheitert?
- Wenn es mehrere Ziele gibt: Was hat Priorität?
- Und sehr wichtig: Wie weit geht die Handlungsbereitschaft, wenn Änderungen beschlossen werden?

## Wer sind die TN?

- Wer soll mitmachen? Bedenke Alter, Firmenzugehörigkeit, Kompetenz, Aufgaben, Arbeitsweisen, Persönlichkeitsmerkmale, Mindset, bestehende Befürchtungen und so weiter. Wenn du diese Fragen einem TN stellst, darfst du nicht vergessen, dass es sich bei den Antworten um eine individuelle Sichtweise handelt.
- Was bedeutet der Ausgang des Workshops für die einzelnen TN?
- In welchen Strukturen beziehungsweise in welcher Kultur arbeiten die TN? Wer hat wem was zu sagen? Wie funktionieren Entscheidungs- und Kommunikationsstrukturen, Belohnungssysteme und Führungsverhalten?
- Wie ist die Zusammenstellung der TN? Muss gegebenenfalls ein Ungleichgewicht ausgeglichen werden?
- Bei Produkt- oder Service-Entwicklung: Sollen die Anwender dabei sein?

Und nicht zu vergessen: Wann, wo, wie viel Zeit und wer organisiert was?

Ganz am Ende solltest du daran denken, dir selbst die Frage zu stellen, ob es grundsätzlich möglich ist, die genannten Ziele in einem Workshop oder in diesem speziellen Workshop mit diesen TN zu erreichen.

Ideen-Mindmap
ERSTE IDEEN
DAS TEAM HAT SICH BESSER KENNENGELERNT
WIR HABEN GEMEINSAME ZIELE FÜR DAS PROJEKT DEFINIERT
EIN GROBER UMSETZUNGS-PLAN WURDE ERSTELLT
WORKSHOP-ZIELE
IDEEN ZUR AUSGESTALTUNG

# Vorgehen bei der Konzeption



Wo wollen wir am Ende stehen? Bei der Konzeption eines Workshops wird von der Zukunft her gedacht. Aus den Antworten auf die vorangegangenen Fragen hast du Ziele formuliert – jetzt findest du eine Dramaturgie und die geeigneten Methoden, um diese Ziele zu erreichen. Jeder Moderatorin entwickelt mit der Zeit eigene Vorlieben und Vorgehensweisen bei der Konzeption. Hier zeige ich eine einfache, übersichtliche Möglichkeit, wie du zu einem gut vorbereiteten Workshop kommst.

## Ziele

Zunächst ist es hilfreich, sich die Ziele des Workshops vor Augen zu führen und sie auf großen Post-its zu notieren.

## Ideen-Mindmap

Danach können erste Ideen, wie man zu diesen Zielen kommt, oder Fragen, die zu diesen Ideen führen, auf kleineren Post-its um das jeweilige Ziel herumgruppiert werden. Lass dich von den Workshopmethoden (→ siehe ab S. 112) inspirieren. Wenn du bereits konkrete Ausgestaltungsideen hast, klebst du sie ebenfalls dazu. Dafür empfehle ich eine andere Post-it-Farbe, damit du sehen kannst, was noch im Ideenstadium ist und wo es schon konkreter wird. Das Ganze sieht am Ende wie eine Mindmap aus.

## Chronologie herstellen

Hast du diese Sammlung beendet, geht es an die erste Formulierung der Workshopbausteine und an die chronologische Übersicht (→ siehe Bild auf der folgenden Seite). Jetzt werden die Ideen geprüft, die Stichworte in Handlungsanweisungen umformuliert, die Fragen beantwortet und alles in eine erste Reihenfolge gebracht. Post-its haben wie immer den Vorteil, dass du schnell und unkompliziert alles ändern kannst. Genauso gut geht das Ganze natürlich auch digital (zum Beispiel mit PowerPoint oder Miro).

## Priorisierung und Ausgestaltung

Die konkreten Module und Methoden, also diejenigen, die fast auf direktem Weg zu den gewünschten Ergebnistypen führen, sind ausschlaggebend für den mess- und sichtbaren Erfolg des Workshops und sollten dementsprechend Priorität im Konzept bekommen. Wenn du den Verdacht hast, dass bei den TN ein bestimmtes Wissen (zum Beispiel: Was sind KPIs?) oder Bewusstsein (zum Beispiel eine vorherrschende Innensicht statt der gewünschten Nutzersicht) fehlt, um die Aufgaben sinnvoll zu lösen, sollten diese theoretischen oder bewusstseinsfördernden Elemente ergänzt werden.

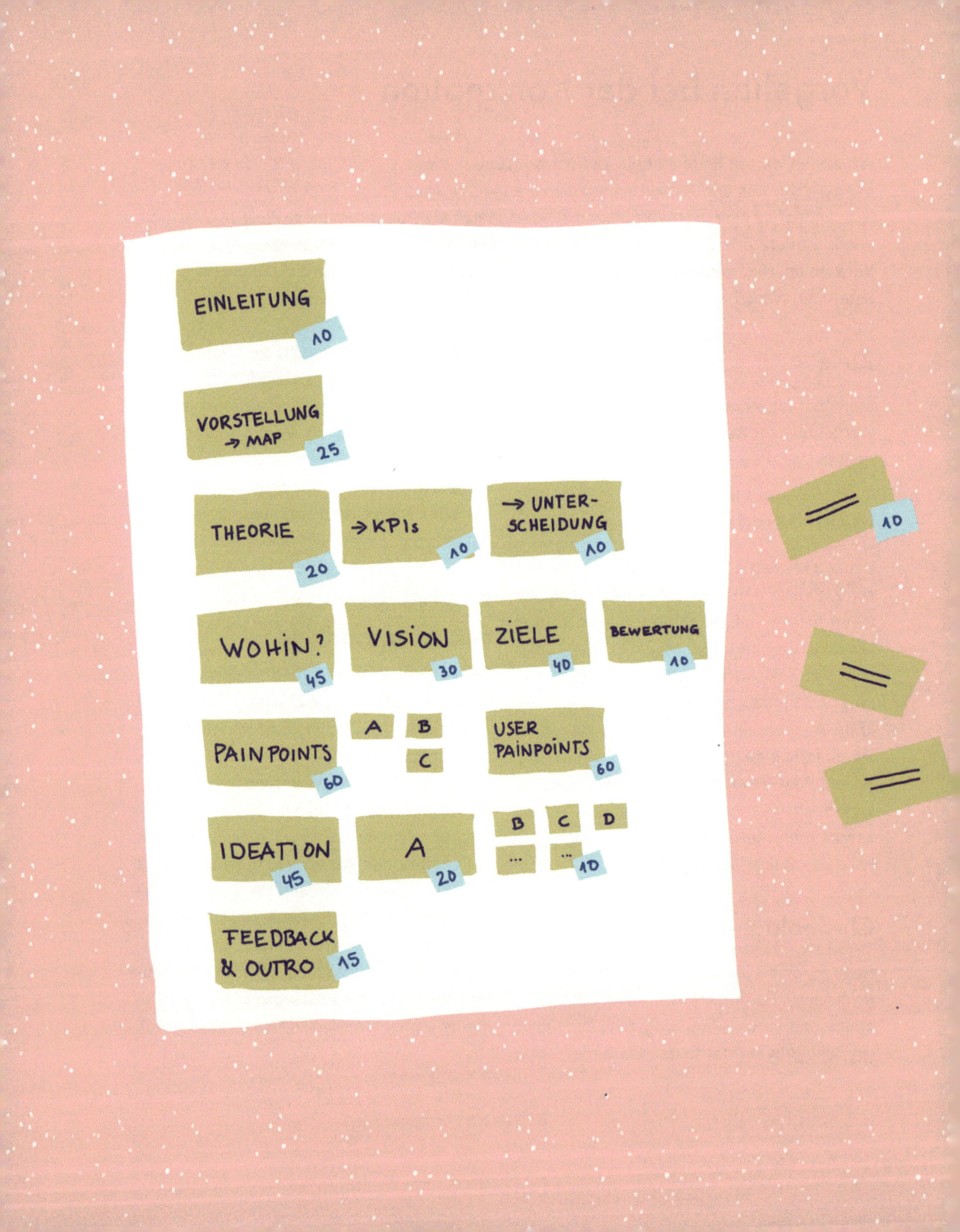
EINLEITUNG
10
VORSTELLUNG
→ MAP
25
THEORIE
20
→ KPIs
10
→ UNTER-
SCHEIDUNG
10
WOHIN?
45
VISION
30
ZIELE
40
BEWERTUNG
10
PAINPOINTS
60
A
B
C
USER
PAINPOINTS
60
IDEATION
45
A
20
B
C
D
...
...
10
FEEDBACK
& OUTRO
15
10

## Offene Haltung

Während dieser (inneren) Diskussion sollte das Ergebnis immer offen für Veränderungen und Verbesserungen bleiben. Jedes Mal, wenn du über eine neue Idee für ein Modul nachdenkst, schreibst du sie auf ein Post-it und klebst sie an die Wand. Wird dir klar, dass etwas anderes besser funktioniert, entfernst du die ursprüngliche Idee und ersetzt sie durch die bessere. So entsteht nach und nach ein chronologischer Ablauf: das Grobkonzept für deinen Workshop.

## Zeiten einschätzen

Hat man einen Status erreicht, der als Plan durchgeht, kann man damit beginnen, die Zeiten für die Module einzuschätzen. Im ersten Schritt erfolgt eine grobe Einschätzung – mit kleinen Post-its auf den Modulen. Gegebenenfalls muss man aufgrund enger zeitlicher Vorgaben einige Male umdisponieren. Später berechnest du die Module dann konkreter.
→ siehe S. 59, »Detaillierte Agenda«

## Berechnung eines Moduls

Ein Modul in dem die TN aktiv arbeiten, besteht in der Regel aus einer kurzen Erläuterung der Aufgabenstellung, der Durchführung, der Vorstellung und einem Fazit. Die Dauer von Erläuterung, Durchführung und Fazit sind unabhängig von der Anzahl der TN, die Dauer der Vorstellung muss mit der Anzahl der Präsentierenden multipliziert werden.

| **Beispielrechnung für ein klassisches Modul** | |
|---|---|
| Erläuterung der Aufgabe | 3 Min |
| Durchführung und Sammlung der Ideen auf Post-its | 12 Min |
| Anheften und Vorstellen | 15 TN à 2 Minuten = 30 Min |
| Fazit und Zusammenfassung | 5 Min |
| **Gesamtdauer des Moduls** | **50 Min** |

Mit steigender Erfahrung und Übung fällt dieser Part immer leichter und kann schneller durchgeführt werden. Falls du jetzt noch Anfänger bist, wirst du mit der Zeit eigene Wege zu deinem perfekten Workshopkonzept finden.

WORKSHOP-AGENDA
ZEIT DAUER NAME WAS PASSIERT? WAS SAGEN? MATERIAL
9:00 10 MIN HELLO
• PLAKAT
• NOTIZBÜCHER
• STIFTE
• 3 FLIPCHARTS
9:10 10 MIN VORSTELLUNG
• POST-ITS
• STIFTE
• KLEBEPUNKTE
9:20 20 MIN FAKTEN
• PLAKAT-WAND
9:40 60 MIN ZEITMASCHINE
• PLAKAT
10:40 20 MIN PAUSE

# Die detaillierte Agenda





Die detaillierte Agenda ist nur für den Moderator. Sie hilft, während des Workshops nichts zu vergessen und kann, wenn der Moderator krank oder verhindert ist, als Vorlage für eine Ersatzperson dienen. Ich versuche immer, aus Übersichtsgründen, die gesamte Agenda auf eine Seite zu bringen und habe diese Übersicht während des Workshops in meiner Moderatorenecke liegen. Je häufiger man Workshops macht, desto weniger braucht man diese Art von ausführlicher Agenda. Aber auch wenn man entspannt anfangen möchte und während des Workshops nicht immer denken möchte, »Habe ich da nicht etwas Wesentliches vergessen?«, ist sie sehr praktisch. Meine detaillierte Agenda enthält Folgendes:

| | |
|---|---|
| **Zeit** | → Beginnt der Workshop um 9:00, steht dort in der ersten Zeile 9:00 |
| **Dauer** | → Zeitaufwand des Moduls, zum Beispiel 10 Minuten |
| **Name** | → Name des Moduls |
| **Was passiert?** | → Beschreibung in Stichworten |
| **Was sagen?** | → Wichtige Aussagen in Stichworten |
| **Optional** | → Wo wird gearbeitet? Wie sieht das aus? Gegebenenfalls als Zeichnung |
| **Material** | → Was brauchen wir dazu? Welche Post-its? Stifte? Scheren? Lego? |

Mithilfe des Post-it-Grobkonzepts (→ siehe S. 55, »Vorgehen bei der Konzeption«) kannst du nun die Tabelle ausfüllen. Das Ganze nochmal in eine Übersicht zu bringen, hat ein paar Vorteile:

- Du hast die Zeiten besser im Blick und kannst sehen, ob alles in die geplanten Slots passt.
- Aus den Beschreibungen kannst du gut ableiten, welches Material du brauchst, und die Materialspalte später einfach als Checkliste für die Dinge verwenden, die du mitbringen beziehungsweise organisieren musst.
- Du kannst besser beurteilen, wo Pausen günstig sind. Auf keinen Fall dürfen zwei bis drei kleine und mindestens eine größere Pause pro Tag fehlen. Diese sollten sowohl auf der detaillierten als auch auf der offiziellen Agenda mit Uhrzeit und Dauer vermerkt sein.
- Du kannst die offizielle Agenda (→ siehe S. 63) einfach daraus ableiten.

# WORKSHOPS VORBEREITEN

Agenda
hello!
9:00
ich
9:10
FAKTEN
FAKTEN
FAKTEN
9:20
ZEIT-
MASCHINE
9:40
10:40
11:00
ZIELE
&
MASSNAHMEN
11:50
13:00
PAINPOINTS
13:50
14:30
PERSONAS
IDEEN
15:30
ENDE
16:15

# Die offizielle Agenda



Die offizielle Agenda wird von der detaillierten Agenda abgeleitet. Ziel dieser Agenda ist es, den TN einen groben Überblick zu geben, was im Workshop passiert.

Es können Methoden und Module zu Themenblöcken zusammengefasst werden, je nachdem, wie viel vom Inhalt du bereits preisgeben möchtest.

Die offizielle Agenda hat zwei Einsatzzwecke:

- Sie kann/sollte im Vorfeld an die TN verschickt werden. Darin stehen mindestens die Uhrzeiten für Anfang, Ende und Mittagspause.
- Sie wird am Anfang des Workshops vorgestellt und hängt die ganze Zeit über gut sichtbar als Orientierungshilfe im Raum.

Die Agenda lässt sich super visuell darstellen (→ siehe Abbildung links) und ist ein Aushängeschild für den Workshop.

**Tipp:** Klebe die Uhrzeiten mit kleinen Post-its auf die Module, sodass sie im Notfall kurzfristig ausgetauscht werden können.

# Die Location

Insbesondere, wenn du ortsunkundig bist, ist es notwendig, im Vorfeld ein wenig Recherche zu betreiben.

## Wie ist die Raumgröße?

Denke an die Anzahl der TN und an die Raumgröße, die für dieses Aufgebot an Menschen für ein Meeting notwendig wäre. Die Raumgröße für einen Workshop mit der gleichen Anzahl Menschen, sollte mindestens anderthalb Mal so groß sein, besser jedoch doppelt so groß. Die TN sollen sich bewegen, Gruppen bilden und arbeiten. Dazu braucht es Platz. Für 16 Leute sollte man mindestens 60 Quadratmeter zur Verfügung haben. Das ist natürlich nur ein Richtwert. Größer ist in diesem Fall immer besser als zu klein.

## Wie ist die Wandbeschaffenheit?

Der größte Feind des Moderators ist die Raufasertapete. Die Wände sollten so beschaffen sein, dass Post-its darauf halten und nicht gleich wieder herunterfallen. Ideal sind glatte Wände, zum Beispiel eine Vertäfelung mit Kunststoffbeschichtung (à la Whiteboard) oder großflächige Glasscheiben. Moderne Besprechungsräume sind in der Regel darauf ausgerichtet, wenn nicht, muss man sich behelfen. Packpapier auf großen Rollen und gut haftendes Malerkrepp schaffen einen geeigneten Untergrund. Zum Anbringen wird eine Leiter oder ein stabiler Stuhl benötigt. Eine große Anzahl Moderationswände tut's zur Not auch. Achte hier darauf, dass sie mit Packpapier bespannt sind, falls sie eine Filzoberfläche haben.

## Gibt es Hindernisse?

Auf vollflächigen Fenstern kann man gut kleben, Kassettenfenster hingegen sind eher ungeeignet. Große Gemälde sollten zuvor abgehängt werden (unbedingt fragen!). Mehrere Säulen, die mitten im Raum stehen, müssen in die Arbeit eingebunden werden … Das nur als Beispiele.

## Wo passiert was?

Falls du den Raum vorher nicht begutachten kannst, lass dir Fotos davon schicken und veranlasse die nötigen »Umbauarbeiten«. Wenn der Platz knapp ist, plane im Vorfeld, wo welche Aktionen stattfinden und welche Plakate wo hängen sollen. Bei Gruppenarbeiten zum Beispiel, ist es ratsam, die Gruppen nicht zu dicht beieinander zu platzieren, damit sie sich nicht gegenseitig stören. Anhand der ausgedruckten Raumbilder und der Agenda kannst du eine grobe Skizze anfertigen, wenn die Vorbereitung am Morgen vor der Veranstaltung schnell gehen muss.

Einladung

# Die Einladung





Gerade wenn du als Moderatorin deine TN nicht kennst, ist es gut, etwas mehr als einen Termin mit einer Headline à la »Workshop Strategiedefinition« zu verschicken.

Idealerweise schaffst du es, Vorfreude und Spannung zu erzeugen. Die Tonalität solltest du auf die TN abstimmen. Erfrage vor allem, ob es angebracht ist, sie zu duzen, oder ob du beim »Sie« bleiben sollst.

## Diese Inhalte sollten in einer Einladung nicht fehlen

- Persönliche Ansprache (Liebes XY-Team ...).
- Falls noch unbekannt: Ort und Zeit.
- Warum findet der Workshop statt? Nenne mindestens das übergeordnete Ziel, eventuell ein paar mehr Inhalte oder gleich die offizielle Agenda (→ siehe S. 63).
- Sorgen gilt es zu antizipieren und auszuräumen. Denk darüber nach, worüber sich die TN bezüglich des Workshops Sorgen machen könnten. Bei Teambuildingworkshops besteht oft die Befürchtung, dass es zu intim oder »tiefenpsychologisch« wird. TN aus eher technisch orientierten Berufsfeldern haben oft Angst vor »Ringelpiez mit Anfassen«. Sprich hier gegebenenfalls nochmal mit deiner Ansprechpartnerin, ob sie irgendetwas aufgeschnappt hat. Eine der häufigsten Sorgen ist Zeitverschwendung. Viele TN haben offensichtlich an Workshops teilgenommen, die sie als Zeitverschwendung empfunden haben. Sag hier klar, was die zu erwartenden Ergebnisse sind, aber mache keine leeren oder übertriebenen Versprechungen.
- Wenn eine Vorbereitung erwünscht ist, brauchen die TN die passenden Links, Empfehlungen oder Anleitungen dazu.
- Falls dich die TN nicht kennen, stell dich vor. Ein paar Zeilen sollten dafür genügen. Toll ist immer auch ein angehängtes Bild von dir.
- Verabschiedung bis zum Workshop.

MAI 2029

ICH BIN BEGEISTERT VON UNSEREN PROJEKTERGEBNISSEN, DENN …

# Die Formulierung der Aufgaben



Eine der wichtigsten Fähigkeiten eines Moderators ist die Formulierung guter Fragen und Aufgaben. Das ist ein echter Erfolgsfaktor für jeden, der Workshops moderiert. So sollten die Aufgaben formuliert sein:

## Machbar

Bei der Formulierung der Aufgaben in einem Workshopteil musst du darauf achten, dass die Aufgabe direkt, aus dem Bauch heraus und ohne weitere Recherche lösbar ist. Falls die Aufgabe zu komplex scheint, ist es immer sinnvoll, nochmal einen Schritt zurückzugehen und zu überlegen, ob du die Aufgabe nicht lieber in zwei Teile teilst.

## Einfach

Die Fragen und Aufgaben sollten eine schlichte, emotionale Sprache verwenden. Sie sollten sich möglichst nur auf einen Aspekt konzentrieren.

## Inspirierend

Fragst du in einem bestimmten Umfeld beispielsweise »Was ist die Vision für das Projekt?«, verlassen einige TN direkt den Raum, denn »wer Visionen hat, sollte zum Arzt gehen«. Setzt man aber einen Zeitpunkt in der Zukunft (etwa Mai nächsten Jahres) und formuliert folgenden Lückentext: »Ich bin begeistert von unseren Projektergebnissen, denn …«, kann sich jeder einfach in diese Zukunft hineinversetzen und mitmachen.

## Passend

Was passiert mit dieser Gruppe, wenn ich die Frage in dieser Form stelle? Sprache ist mächtig und leitet die TN in eine bestimmte Richtung. Versetze dich in deine TN und frag dich, ob die Aufgabenstellung, die du formuliert hast, zu den gewünschten Ergebnissen führen kann.

## Konstruktivistisch

Gute Fragen gehen davon aus, dass jeder die Welt anders erlebt und es keine objektive Realität gibt.

denken
BÄNG!
YEAH!
YEAH!
YEAH!
HIER
DORT
DA
sagen
Visualisierung
banner
hello!
SCHATTEN

# Die Visualisierung

Visuell gut gestaltete Workshops hinterlassen immer einen professionelleren Eindruck. Der Aufwand lohnt sich in jedem Fall. Mit ein bisschen Auseinandersetzung und Lust gelingt es, auf diesem Gebiet ziemlich schnell besser zu werden.

## Flipcharts und Plakate

Wenn du den Eindruck hast, nicht zeichnen zu können, ist das halb so schlimm. Denn auch mit nur wenig Übung bekommt jeder gute Charts hin. Ich empfehle dafür Bücher wie *Sketchnotes* von Nadine Roßa oder einfach eine Onlinebildsuche nach dem Begriff, den du zeichnen möchtest, mit dem Zusatz »Icon« (zum Beispiel »Ziel Icon«). Dann bekommst du normalerweise eine sehr einfache Visualisierung ausgespuckt, die du gut nachzeichnen kannst. Unter dem Stichwort »doodle« findet man auf Pinterest Vorlagen für alle möglichen dekorativen Elemente. Fortgeschrittene entwickeln ihre eigene visuelle Sprache, mit der sie schnell und einfach umgehen können.

Um ein ausgewogenes Plakat zu erzeugen, entwirft man es am besten zuvor auf einem kleinen Blatt (ich nehme DIN A6). Klein sollte es deshalb sein, weil es nicht zu kompliziert werden soll, und bei geringer Größe kommt man gar nicht erst in Versuchung, zu viele Details hinzuzufügen.

Manche Trainerinnen und Moderatorinnen zeichnen am Morgen vor dem Workshop, ich habe lieber die fertigen Plakate schon dabei.

## Post-its

Beim Austeilen von Post-its für die TN empfehle ich, direkt ans »Colorcoding« – also die Strukturierung durch Farbe – zu denken, um gutaussehende, übersichtlichere Endergebnisse zu erzielen. Zum Beispiel:

- Rosa Post-its für negative Aussagen, grüne für positive;
- Blaue Post-its für die TN von Firma A, gelbe Post-its für die TN von Firma B;
- Große neonfarbene Post-its für Headlines, gelbe für alles andere und so weiter.

## Washi-Tape

Washi-Tape, also farbiges, leicht abzulösendes Klebeband, ist ideal, um große Wände oder Moderationstafeln durch Trenn- oder Verbindungslinien übersichtlicher zu gestalten.

**Tipp:** Als Material empfehle ich Flipchart-Blätter ohne Linien oder Karos, schwarze Flipchart-Marker in verschiedenen Stärken und zur Kolorierung die wirklich tollen Wachsmalblöcke von Stockmar.

Hinter jeder
MASSNAHME
verbirgt sich
ein Ziel
WIR MÜSSEN …
A
B
C
WARUM?

# Wissenseinheiten

Häufig benötigen die TN zusätzliches Wissen, um Aufgaben lösen zu können. Ich wollte es am Anfang nicht glauben[10], aber es ist für die Aufmerksamkeit und die innere Haltung im Workshop nicht förderlich, wenn du zur Wissensvermittlung eine PowerPoint-Präsentation oder andere digitale Artefakte verwendest. Mitten in die mühevoll aufgebaute Nähe und Energie stellst du mit dem elektronischen Medium eine Barriere, die Distanz schafft und die TN in eine passiv-konsumierende Haltung drängt. Ich unterscheide zwischen zwei Arten von Wissen:

**Allgemeines Wissen**, zum Beispiel: Was sind die klassischen Teamrollen? Was ist ein KPI? Was bedeutet User-Research?
**Internes Wissen**, zum Beispiel: Was machen die Wettbewerber im Bereich XX? Wie funktioniert der Prozess XY derzeit? Hier sind die TN in der Vorbereitung gefragt.

**Allgemeines Wissen** lässt sich gut mit bildhaften Plakaten transportieren. Sie haben den Vorteil, dass sie über den gesamten Workshop hängen bleiben und einsehbar sind. Überleg dir, was die Essenz des zu vermittelnden Wissens ist, und erstelle dazu ein einfaches Bild. Das restliche Wissen wird mithilfe des Bildes mündlich vermittelt.

Wenn Wissen verankert werden soll, kann auf eine Wissenseinheit eine Transfereinheit folgen. Du kannst die TN bitten, eigene Erfahrungen einzubringen. Dadurch bringst du sie dazu, das Gelernte zu reflektieren. Frag je nach Kontext zum Beispiel: »Wie seht ihr das?«, »Wo setzt ihr das im Team ein?«, »Was sind weitere Aspekte von XY?«

**Optionen für internes Wissen:**

- Wettbewerbsaktivitäten können an einer Moderationswand dargestellt werden.
- Ein Experte kann Fragen beantworten, einen kleinen Vortrag halten oder beides.
- Bei anstehenden Entscheidungen eignen sich Poster mit Pro- und Kontraargumenten für mögliche Entscheidungen.
- Die Ergebnisse des letzten Jahres können an der Wand aufgehängt und in einem »Wall Walk«[11] der Gruppe präsentiert werden.

**Tipp:** Wenn eine digitale Präsentation unbedingt sein muss,

- sollte sie vor oder nach einer Pause stattfinden;
- sollte sie durch aktivierende Fragen unterbrochen werden;
- sollte im Anschluss die verlorene, »aktive« Haltung durch eine zusätzliche Übung wiederhergestellt werden.

10 Danke, Henning Gerstner von Bridgehouse.

11 Bei einem »Wall Walk« werden Ergebnisse beziehungsweise Informationen und Bilder an die Wand gehängt und präsentiert, während die TN davor stehen oder daran vorbeigehen.

# Das Material

Folgende Dinge werden immer wieder gebraucht:

## Flipchart-Blätter

Am schönsten sind sie in Weiß, ohne Linien und Karos. Für den Transport der Blätter ist eine Transportrolle praktisch.

## Post-its

Nimm die großen (203 × 152 mm) in kräftigen Farben für Headlines, die mittleren (76 × 127 mm oder 152 × 101 mm) in Pastellfarben für den Standardeinsatz und die kleinen (38 × 51 mm) in kräftigen Farben zur Markierung.

## Pfeile, Kreise, Wolken und Herzen

Diese sind super zur Strukturierung der entstehenden Wandbilder.

## Nadeln und Pins

Falls du mit Moderationswänden und Karten arbeitest, brauchst du Nadeln oder Pins. Achte auf große, griffige Köpfe – alles andere ist beim Anpinnen wirklich ärgerlich und teilweise sogar schmerzhaft.

## Klebepunkte

Diese braucht man in mindestens zwei Farben. Sie sollten einen guten Kontrast zum Untergrund haben. Schwarz und Rot sind meine Favoriten.

## Washi-Tape, Krepppband, transparentes Klebeband, Packpapier, Schere

Buntes Washi-Tape ist gut zur Strukturierung der Wände. Kreppband wird nötig, wenn große Flächen mit Packpapier überklebt werden müssen. Transparentes Klebeband kann benutzt werden, um die Flipcharts aufzuhängen. Eine Schere sollte nicht fehlen.

## Stifte und Farben

Vermeide den Einsatz von Kugelschreibern. Auf Fotos ist die Kugelschreiberschrift unlesbar. Für die Beschriftung von Post-its teile ich deshalb schwarze Filzstifte mit einer Strichdicke von etwa einem Millimeter aus. Zum Zeichnen auf Flipcharts kommen dicke, schwarze Marker zum Einsatz. Für die Kolorierung von Plakaten benutze ich Wachsmalblöcke.

## Stoppuhr und Kamera oder Smartphone

Ich bevorzuge das Smartphone, denn wenn ich im Verzug bin, kürze ich die Arbeitszeiten unmerklich und hole so wieder ein bisschen auf. Die sichtbare Stoppuhr (schön und groß: der Time Timer) ist gut für lange, selbstorganisierte Phasen. Mit Kamera oder Smartphone kannst du die entstandenen Workshopergebnisse dokumentieren.

# Das Rahmenprogramm

Die meisten Beschwerden hatte ich bisher wegen des Rahmenprogramms. Das organisiere ich in der Regel nicht selbst, was meinen TN auch bewusst ist. Dennoch fließt alles, was um den Workshop herum passiert, in die Gesamterfahrung ein. Das sollte man als Moderatorin also immer mitbedenken.

## Essen und Snacks

Die mit Abstand meisten Beanstandungen betrafen das Essen: zu wenig, zu spät, zu wenig Veganes, nicht glutenfrei. Hier sollte man im Vorfeld Vorlieben und Empfindlichkeiten in Erfahrung bringen, um diese negativen Erfahrungen zu vermeiden. Wenn die Pausen kurz sind und du einen Caterer hast, empfehle ich ein gut beschriftetes Fingerfood-Buffet (vegetarisch? laktosefrei? ohne Nüsse?). Generell ratsam ist ein leichteres Essen. Mit einer Schweinshaxe und Pommes im Bauch denkt es sich einfach nicht mehr so gut und die TN haben eher Lust, sich hinzulegen als weiterzumachen. Für alle, die gerade angereist sind und noch kein Frühstück hatten, können morgens Croissants, Kekse und Obst als Snacks auf dem Tisch stehen. Ausreichend Kaffee, Tee und Wasser ist die Minimalanforderung bezüglich der Getränke. Wasser sollte immer in Reichweite sein.

## Abend

Ein Abendprogramm (Essen? Ausgehen? Picknick im Park? Stadtführung?) sollte der Gruppe angepasst sein. Hier lohnt es sich, Vorlieben abzufragen. Das zu organisieren ist allerdings richtig aufwändig, und es ist gut, wenn du jemanden findest, der das übernimmt.

## Pausen

Wann und wie lange die Pausen sind, sollte auf der Agenda auffällig vermerkt werden und am besten mit den TN abgestimmt sein. Auch gut: Am Anfang des Workshops abfragen, ob jemand einen Telefontermin hat, sodass sich später niemand wundert, wenn plötzlich eine den Raum verlässt.

# WÄHREND DES WORKSHOPS

A

DATEN & FAKTEN
ANEKDOTEN
PLAKATE
UTOPIEN
STORYS
DETAILS

# Vision und Ziele auspacken



## Da wollen wir heute hin, und zwar deshalb!

Das steht am Anfang jedes Workshops, und du solltest dir einen schönen, aktivierenden, emotionalen, humorvollen oder auch nachdenklichen Weg ausdenken, diese Botschaft zu transportieren.

»Der Anfang ist die Hälfte von allem«[12]: Eine gute Einleitung kann ein wichtiges Priming für den Workshop sein. Ein erster Eindruck, der eine Stimmung hervorruft oder ein Pflänzchen setzt, das im Laufe des Tages wachsen kann.

In der Überschrift steht absichtlich »auspacken«, denn zuvor hast du alles gut verpackt. Wie? Zum Beispiel so:

## Ideen für die Einleitung

- Recherchiere relevante Zahlen und Fakten. Wahrscheinlich hast du diese, nachdem du dich mit dem Thema auseinandergesetzt hast, sowieso schon parat. Stell eine Verbindung zum heutigen Thema her. »56 Prozent der deutschen Arbeitnehmer würden sofort aufhören zu arbeiten, wenn keine finanzielle Notwendigkeit bestünde …«
- Erzähle eine lustige Anekdote oder eine berührende Geschichte, die zum Thema passt. »Ein Freund von mir arbeitet in einem Unternehmen, das vor ähnlichen Herausforderungen stand wie ihr. Neulich …«
- Zeichne ein Plakat mit einer starken Metapher zum Thema und rede darüber. Das kann ein Objekt sein, ein Cartoon oder vielleicht eine bekannte Figur.
- Nimm dir einen Teilaspekt des Themas heraus und beschreibe seine Auswirkungen aufs Ganze.
- Schildere eine ideale Welt und zeige den Unterschied zur heutigen Situation auf.

12 Aristoteles

What
HAPPENS
in
VEGAS
stays in Vegas

# Vereinbarungen treffen

Damit ein Workshop gut funktioniert, müssen sich alle TN mit einem Set an Regeln einverstanden erklären, das für den Zeitraum des Workshops, teilweise auch darüber hinaus gilt. Diese Regeln müssen am Anfang des Workshops kommuniziert und abgestimmt werden. Ich schlage meist die folgenden Regeln vor.

## What happens in Vegas, stays in Vegas

Insbesondere bei Teamworkshops wird es zeitweise sehr privat, und dafür ist Vertrauen notwendig. Die TN sollen sich sicher fühlen. Deshalb sollte vereinbart werden, dass alles, was innerhalb des Workshops passiert, unter den Anwesenden bleibt.

Wenn man in die unschöne Situation gerät, dass die Personalabteilung im Anschluss Fragen über den Verlauf stellen möchte, sollte man mit den TN darüber sprechen und am Ende des Workshops vereinbaren, was erzählt werden kann und was nicht. Man kann auch ein gemeinsames Ergebnisplakat nur für diese Zielgruppe erstellen.

## Duzen oder siezen?

Den meisten Workshops tut es gut, wenn sich die TN duzen. Die beste Option ist es, im Vorfeld bei der Ansprechpartnerin nachzufragen, was opportun ist, das Ergebnis den TN mitzuteilen und nochmal nachzuhaken, ob das auch passt. Obacht in formelleren Umgebungen: Dort siezen sich die TN oft untereinander und müssten im Anschluss wieder zum Sie zurückkehren. Das kann zu Irritationen führen. Aus dem gleichen Grund sollte eine Mischform aus duzen und siezen möglichst gemieden werden.

## Ablenkungen

Manchmal kommst du in einen Raum und siehst zwölf Leute, die in ihre Rechner starren. Du willst aber natürlich, dass sich die TN auf den Workshop konzentrieren. Bitte sie darum, alle elektronischen Geräte möglichst vom Tisch zu entfernen und in eine Tasche zu packen. Frage, ob jemand zwischendurch dringend telefonieren oder der Raum verlassen muss und verweise auf die Pausenzeiten auf der Agenda.

## Stopvereinbarung

Während Workshops kommt es immer wieder zu Situationen, in denen alle durcheinander diskutieren. Das ist gewollt und kontraproduktiv zugleich, denn meist ist der verfügbare Zeitrahmen extrem begrenzt. Hier wird eine Stopvereinbarung benötigt.

Du kündigst anfangs an, dass die Zeit begrenzt ist, heute bestimmte Ziele erreicht werden sollen und es an manchen Stellen notwendig sein wird, dass du die Diskussion unterbrichst.

**Autoritäre Variante:** Ich zeige ein Plakat mit dem fiesen Drill Sergeant (⇢ siehe Abbildung links) – in den ich mich dann »verwandeln« werde – und kündige an, die Diskussion im äußersten Fall auch mit einem lauten Pfiff zu unterbrechen.

**Nette Variante:** Ich hebe die Hand. Die TN, die mich oder andere TN die Hand heben sehen, sollen es mir oder ihnen gleich tun und gleichzeitig aufhören zu reden, bis der ganze Raum still und wieder aufnahmebereit ist. Das geht meist erstaunlich schnell.

## Die Moderatorin hält sich raus

Die Moderatorin ist nur für die Moderation da. Bei inhaltlicher Beteiligung ist das Neutralitätsgebot der Moderation nicht mehr gegeben, und das Risiko eines Vertrauensverlustes ist groß. Wenn du dennoch in die Situation gerätst, dass eine inhaltliche Einmischung unausweichlich wird, kündige an, dass du jetzt aus der Moderatorinnenrolle heraustrittst und dich einmischst. Am besten untermauerst du das Heraustreten mit einer sichtbaren Geste.

## Verwendung von Fotos

Falls du planst, im Workshop entstandenes Bildmaterial für irgendeinen Zweck zu verwenden (zum Beispiel in den sozialen Medien), solltest du darauf hinweisen – und natürlich auch auf den sensiblen Umgang damit. Zumindest solltest du auf Fotos erkennbare TN um ihr explizites Einverständnis bitten. Ideen und Ergebnisse haben meines Erachtens in der Öffentlichkeit nichts zu suchen.

Ich empfehle, auf die Verwendung von Fotos von erkennbaren Personen, Ideen und Ergebnissen außerhalb der TN-Gruppe prinzipiell zu verzichten.

# Persönlich werden



Eine »klassische« Vorstellungsrunde ist in Meetings oder Workshops größtenteils reine Zeitverschwendung. Manche holen aus und erzählen ihren gesamten Lebenslauf vom Abitur bis in die Chefetage. Das ist weder notwendig noch trägt es zu einem funktionierenden Workshop bei.

Wer sich hingegen öffnet und etwas von sich preisgibt, bekommt Vertrauen. So einfach, wie es sich anhört, ist das allerdings meist nicht. Vor allem, weil ein Workshop, der im geschäftlichen Umfeld stattfindet, kein Ort für allzu große Intimität ist.

Trotzdem ist es wichtig, vertikal kommunizierenden Menschen[13] – das sind Menschen, denen es enorm wichtig ist, ihren Status darzustellen – die Gelegenheit zu geben, eben das zu tun, sonst kann es passieren, dass sich dieses Bedürfnis anderweitig einen Weg sucht. Das Geheimnis liegt hier in der Kürze.

»Nenne bitte kurz deinen Namen, deine Funktion im Unternehmen und deine Rolle im Projekt. Zudem würde ich gerne wissen ...« Du kannst auch ein Handlungsplakat dazu aufhängen und Richtzeiten geben.

Um schon zu diesem frühen Zeitpunkt im Workshop ein kleines Wir-Gefühl herzustellen, eignen sich »ungefährliche«, aber dennoch private Fragen, die einen Einblick in das Leben einer Person jenseits des Unternehmens bieten (zum Beispiel Lieblingsessen, Hobbys, Urlaub).

Wenn der Workshop ein bestimmtes, inhaltliches Thema hat, bietet sich dieses eventuell für diese Runde an. »Was ist deine Verbindung mit dem Thema?« oder »Zeichne ein Bild davon, und erläutere es im Anschluss.« (Beispiele: *Altersvorsorge – Wie stellst du dir dein Alter vor?* oder *Zusammenarbeit – Erzähle von einer Situation, die du als großartige Zusammenarbeit erlebt hast.*)

Es können auch Zweierteams gebildet werden, die sich gegenseitig vorstellen. Das erleichtert manchen das unangenehme Gefühl, über sich selbst reden zu müssen.

Methoden für Vorstellungsrunden findest du ab → S. 118.

13 Peter Modler: *Mit Ignoranten sprechen*, Frankfurt 2019

Pro & Kontra-Diskussion
INTRO
STATEMENT PRO
STATEMENT KONTRA
PRO
KONTRA
PODIUMSDISKUSSION ODER
ALLE DISKUTIEREN
ZUSAMMENFASSUNG
& ABSCHLUSS

# »Frei« diskutieren lassen





Es gibt Gründe, weshalb ich ganz freies Diskutieren in Workshops nur ungern einplane: Es ist messy, nur einige machen mit, die anderen schweigen, es ist nicht gut kontrollierbar und dauert immer länger als gedacht. (Das gilt übrigens nicht für Workshops, in denen es darum geht, Besprechbarkeitsräume zu erweitern. Dort ist die freie Form, am besten in Kleingruppen, absolut notwendig.) Hier folgen ein paar Hacks zur besseren Kontrolle von Diskussionen, die man auch sehr gut in Meetings einsetzen kann.

## Klare Ziele und Spielregeln festlegen

Das könnten potenzielle Spielregeln sein (frei zusammenstellbar):

- Die Ziele der Diskussion stehen an der Wand.
- Die Diskussion muss bei der Sache bleiben, Abweichungen werden nur gut begründet akzeptiert.
- Alle kommen mindestens in der ersten Runde nacheinander dran.
- Niemand darf länger als 2 Minuten am Stück reden.
- Es werden Rollen besetzt: Time-Keeper, Themenwächter und so weiter
- Ein sichtbarer Timer reglementiert die Redezeit.
- Die TN haben farbige Karten mit unterschiedlichen Bedeutungen (Wortmeldung, Dagegen, Dafür, »Zurück zum Thema« und so weiter).

## Strukturierung

- **Pro und Kontra:** Die TN werden in zwei Gruppen eingeteilt. Eine Gruppe entwickelt Argumente für die Idee, die andere dagegen. Im Anschluss folgen eine reglementierte Debatte und die Entscheidung. Eine interessante Dynamik ergibt sich, wenn du Befürworter in die Gegnergruppe steckst und umgekehrt.
- **Abwägen verschiedener Ideen:** Die TN werden in Gruppen aufgeteilt. Die Gruppen entwickeln Argumente für je eine Idee. Die Ergebnisse werden von einem TN aus der Gruppe vorgestellt.
- **Rollen:** Jeder TN erhält in der Diskussion eine Rolle (zum Beispiel → siehe S. 241, »Denkhüte« oder → siehe S. 157, »Fiktive Personas«) und führt die Diskussion mit dem Mindset dieser Rolle.

## Mitnotieren oder visualisieren

Frag in die Runde, ob sich jemand zur Dokumentation bereiterklärt, oder mache es selbst (Achtung: zusätzlich zur Moderationsaufgabe!). Notiere in Form einer für alle sichtbaren Liste oder einer Mindmap. Markiere strittige Punkte mit einem Blitz.

## Zum Schluss

Am Ende der Diskussion sollte das Ergebnis gewürdigt werden: Fasse die wichtigsten Punkte zusammen und bedanke dich für das konstruktive Gespräch. Danach können weitere Schritte definiert werden.

# Gruppen bilden





Je nachdem, worauf man hinauswill, bildet man als Moderator Gruppen nach bestimmten Gesichtspunkten. Heterogene Gruppen sind besonders gut zur Ideenfindung, homogene Gruppen, wenn es um ähnliche Erfahrungen geht.

## Zufällige Gruppen

- Hier kann man, je nach Gruppengröße, Dinge unter die Stühle kleben oder mit geschlossenen Augen aus einem Hut ziehen lassen. Zum Beispiel je drei identische Müsliriegel (Bilder, Playmobilfiguren, Sonnenbrillen ...), wenn man Dreiergruppen bilden möchte.
- Durchzählen lassen. Alle Einsen, Zweien und Dreien und so weiter kommen in je einer Gruppe zusammen.
- Die TN können selbst wählen. Ansage: »Bitte bildet mal schnell Dreiergruppen.«

## Kompetitive Gruppen

- Wie bei Schulmannschaften, wählt man zwei (oder beliebig viele, je nach gewünschter Gruppenanzahl) TN aus, und diese wählen im Wechsel je eine Person in ihr Team. Das kann jedoch, wie bei Schulmannschaften, durchaus Konfliktpotenzial entfalten.

## Gezielt zusammengestellte Gruppen (homogen oder heterogen)

- Man kennt die Fähigkeiten aller TN und bildet im Vorfeld des Workshops Gruppen – möglichst homogen oder möglichst heterogen, je nach Absicht –, welche die kommende Aufgabe am besten lösen können. Die Gruppenmitglieder werden in diesem Fall einfach angesagt.
- Man gibt den Hinweis, dass sich das gesamte Team nach Kompetenz in oder nach Nähe zu einer bestimmten Sache in einer Reihe aufstellen soll (zum Beispiel: Wer besonders gut zeichnen kann oder wer besonders viel Ahnung von der bestehenden Systemarchitektur hat). Im Anschluss lässt man durchzählen und hat eine gute Verteilung der Kompetenzen. Diese Variante ist nur für Gruppen geeignet, in denen die TN frei zugeben können, dass sie keine Ahnung haben.

„…"
WISSEN
hello!

# An die Dokumentation denken





Schon während des Workshops sollte man wissen, welche Art von Dokumentation im Anschluss gefragt ist. Dokumentationen kann man auf viele Arten erzeugen. Hier kommen drei Varianten.

## Einfacher geht's nicht: Fotos

Die simpelste Variante der Dokumentation sind Fotos der Plakate und Post-it-Wände sowie gegebenenfalls Videos von Übungen. Chronologisch nummeriert und ergänzt durch die Agenda kannst du so extrem einfach und schnell die Ergebnisse des Workshops festhalten. An die TN verschickt oder auf eine entsprechende Plattform hochgeladen, kann sich jede den Workshop wieder in Erinnerung rufen.

## Als Präsentation

Wenn es etwas sortierter und professioneller sein darf, machst du daraus eine Präsentation. Die kann folgende Elemente enthalten:

- Titel und Workshopziele,
- TN-Liste und Agenda,
- alle Plakate als Fotos,
- Aufgabenstellung und Ergebnisse (Post-it-Wände) als Fotos, eventuell digitalisiert,
- Grüße von dir an die TN.

Die Präsentation sollte dem Workshop entsprechend chronologisch aufgebaut sein und kann an Stellen, an denen es mit einem gewissen Zeitabstand vielleicht unverständlich wird, kommentiert werden (verwende hier einfach Pfeile oder Sprechblasen).

## Und das Ganze in emotional

Ergänze die Präsentation der Ergebnisse durch witzige Bilder der TN in Action. Achte darauf, dass niemand richtig peinlich aussieht. Manche Workshops finden in schönen Umgebungen statt. Mache Bilder und packe diese mit in die Dokumentation. Tolle Landschaften und tolle Partys passen super in die Präsentation. Für bildfüllende Formate: Denk daran, gleich im Querformat zu fotografieren. Wenn es große Lacher und witzige Kommentare gibt: Schreibe sie dir auf und reserviere einen Platz dafür in der Präsentation.

## Und in Zukunft?

Es gibt eine App von Post-it, mit der man analoge Wände mit quadratischen Post-its fotografieren kann. Danach werden die einzelnen Post-its freigestellt, also der Hintergrund entfernt, und man kann sie verschieben und digital ergänzen. Auch bei Miro gibt es sehr gute Ansätze zur Digitalisierung analoger Post-it-Wände. Dass man aus einem Foto der Wand ohne viel Tamtam sowohl Cluster als auch Textinhalte direkt in beliebige digitale Formate (zum Beispiel Excel) übertragen kann, dauert sicher nicht mehr lange.

# Mit schwierigen TN umgehen





»Bringt doch nix, so ein Workshop« oder »Hatten wir schon oft« sind Aussagen, an denen man schon am Anfang des Tages unwillige oder unfreiwillige TN erkennen kann. Aber keine Angst: Dass daraus eine echte Beeinträchtigung entsteht, kommt seltener vor, als man denkt. Denn die übrigen TN wollen vorankommen und sanktionieren dieses bremsende Verhalten, teilweise sogar, indem sie es direkt ansprechen. Ist das nicht der Fall, schlage ich eine Drei-Schritte-Taktik vor:[14]

## Kill with friendliness

Sei freundlich zu dem anstrengenden TN und unterstütze ihn, wo du kannst. Pass dabei auf, nicht in eine passiv-aggressive Haltung zu rutschen oder auch nur so zu wirken.

## Offen ansprechen

Wenn das nichts bringt und es noch angemessen scheint, »den Elefanten« vor der Gruppe zu thematisieren, frag am besten direkt, ob es zum Beispiel einen bestimmten Wunsch gebe, was fehle oder was eine Alternative sein könnte. Auch gut ist es, (an die Gruppe gerichtet) zu fragen: »Was meinen die anderen dazu?« Es ist jedoch niemals angemessen, persönliches Verhalten vor der Gruppe anzusprechen.

## In der Pause unter vier Augen ansprechen

Wenn das alles nichts weiterhilft, ist möglicherweise eine individuelle Ansprache notwendig. Hier hilft es natürlich, gewaltfreie Kommunikation anzuwenden und wirklich bei der Sache zu bleiben. »Deine Aussagen lassen mich vermuten, dass es dir nicht gefällt, das tut mir leid. Was kann ich tun, damit dir der Workshop etwas bringt?«

14 Das ist natürlich nur ein ganz kurzer Abriss. Mehr dazu siehe in Jürgen Schulze-Seeger: *Schwarzer Gürtel für Trainer*, Weinheim/Basel 2009 und Marshall Rosenberg: *Gewaltfreie Kommunikation*, Paderborn 2001

Clustern
THEMA 1
THEMA 4
THEMA 3
THEMA 2
THEMA 5

# Clustern

Die Bildung von Clustern kommt in vielen Workshopteilen vor und ist ein essenzielles Werkzeug, um eine Übersicht über eine große Anzahl von Ideen oder Aussagen zu schaffen. Zum Beispiel werden Ideen für Maßnahmen oder Aussagen aus Interviews geclustert.

## Sammlung

Nach oder, besser, bereits während der Sammlung von Ideen oder Aussagen werden diese zu Gruppen (Clustern) zusammengefügt. Das heißt, die an der Wand hängenden Post-its werden so (um)platziert, dass ähnliche Inhalte zu Kategorien gruppiert werden. Bei der Zieldefinition können das zum Beispiel Kategorien sein wie »Ziele, die dem Vertrieb zuzuordnen sind« oder »Quantitativ messbare Ziele«.

Wenn eine Aussage partout nicht in eines der bestehenden Cluster passt, ist das ein guter Hinweis für ein neues Cluster.

Wenn eine Aussage in mehrere Kategorien passt, kannst du in die Gruppe fragen, wo die Aussage platziert werden soll. Es gibt dabei oft kein Richtig oder Falsch. Beherzte, schnelle Entscheidungen sind gefragt. Zur Not kann die Aussage dupliziert und beiden Clustern zugeordnet werden.

Die Moderatorin ist die Initiatorin des Clusterns und unterstützt die TN dabei.

## Kategorien

Falls Zweifel bestehen, sollte die Gruppe auf jeden Fall zu den Kategorietypen befragt werden. »Seid ihr einverstanden damit, dass wir die Ziele den Geschäftsbereichen zuordnen? Oder sollen wir lieber Touchpoints als Kategorien wählen?« Es sollten diejenigen Kategorien gewählt werden, die für die geplante Weiterarbeit am sinnvollsten sind.

## Abschluss

Am Ende fragst du nochmal, ob alle mit dieser Sortierung einverstanden sind, und sortierst gegebenenfalls einige Aussagen um.

Wenn alle Cluster gebildet sind und es für die Weiterarbeit sinnvoll ist, kann die Gruppe aufgefordert werden, in Kleingruppen bessere Überschriften zu den jeweiligen Clustern zu definieren, um sie greifbarer zu machen.

**Tipp:**

- Platziere die Post-its gleich so, dass alle sicht- und lesbar sind, sodass im Anschluss ein Foto gemacht werden kann.
- Mehr Infos zum Vorgehen bei der Formulierung in Gruppen, besonders wenn es um Ziele geht, findest du auf → S. 229, »Ziele formulieren«.

# Nachhaken bei Blabla



Ein Workshop ist unter anderem dazu da, vom leeren Gerede wegzukommen. Du als Moderator tust alles dafür, dass es möglichst konkret wird. Hin und wieder wird sich jedoch das ein oder andere Post-it, der ein oder andere Satz eines TNs einschleichen, der sehr allgemein und vieldeutig gehalten ist und lediglich leeres Blabla enthält. Zum Beispiel wenn nach konkreten Maßnahmen gefragt wird und dann an der Wand solche Allgemeinplätze wie »Bessere Zusammenarbeit« oder »Ad hoc erledigen« stehen. Manchmal mag das gut gemeint sein, auf jeden Fall sollte man jedoch nachhaken: »Was stellst du dir genau darunter vor?« oder »Was soll konkret getan werden?« Die Antwort wird daneben notiert. Manchmal kommen an dieser Stelle erstaunliche Ideen oder Lösungen zutage, und der Betreffende meinte, sich bereits konkret ausgedrückt zu haben.

Durch deine Interventionen merken die TN, dass Blabla nicht gefragt ist. Möglicherweise machen sie es sich sogar bewusst und passen ihr Verhalten an.

Alternativen

# Flexibel sein



Neben menschlichen Konflikten ist das der schwierigste Moment für Moderationsanfänger: Wenn klar wird, dass die tolle Planung einfach nicht zu den gewünschten Zielen führen wird. Aber keine Sorge: Keiner zwingt dich dazu, beim Plan zu bleiben, wenn deutlich wird, dass gerade etwas ganz anderes gefragt ist.

Manchmal merkt man auch einfach nur, dass die Art der Methode nicht passt: Es gibt zu viel oder zu wenig Emotionalität, es sind nicht genügend TN, es werden andere Inhalte benötigt, oder es bietet sich eine deutlich bessere Methode für die Situation an.

Kündige deinen TN eine kurze Auszeit des Workshops an, erläutere, was du vorhattest, warum das gut war und warum du jetzt vorschlagen würdest, anders fortzufahren. Du kannst deine TN sogar fragen, wie sie gerne fortfahren würden. Du kannst Vorschläge machen oder Vorschläge einsammeln. Da alles sehr spontan ist, solltest du eher bei den Standards bleiben und dir exotischere beziehungsweise komplexere Methoden für andere Gelegenheiten aufheben.

Wenn ihr gemeinsam beschlossen habt, wie es weitergehen soll, erläutere die Auswahl, frage nach, ob alle einverstanden sind und beende die Auszeit.

DARE TO THINK
BIG!

# Luftschlösser bauen





Wenn bei der Ideation Session nur Lösungen gefunden werden, die schonmal da waren oder die ein Wettbewerber schon längst umgesetzt hat, ist das ziemlich unbefriedigend. Grund dafür ist oft, dass die TN nicht ausreichend mit assoziativen Techniken oder Perspektivwechseln ausgestattet oder zur Konstruktion von Luftschlössern animiert wurden. Also zu Ideen, die nicht ganz so naheliegend sind und deutlich über den ersten Gedankengang hinausgehen.

Die einfachste Technik, um Luftschlösser entstehen zu lassen, sind inspirierende Fragen:

- Was würdest du tun, wenn du unbegrenzte Zeit oder unbegrenzte finanzielle Mittel zur Verfügung hättest?
- Was würdest du tun, wenn wir in der Zukunft leben würden und technisch alles möglich wäre?
- Was, wenn es das Hindernis X nicht gäbe?
- Was, wenn Harry Potter/Friedrich der Große/Wonder Woman dein CEO beziehungsweise dein Kunde wäre?
- Was, wenn du mit der NASA/der UN/der Weltbank/mit Google (je nach Thema) zusammenarbeiten würdest?

Eine kleine Änderung der Frage kann zu einer großen Änderung im Denken führen.

Bei der Ideenfindung muss zuerst an eine utopische Welt und ideale Bedingungen oder an eine surreale Situation gedacht werden, die einen Perspektivwechsel erfordert. Der Realitätsbezug kann später noch hergestellt werden.

Am Anfang der Ideenfindung müssen Luftschlösser gebaut werden!

Und das, obwohl alle genau wissen, dass nachher nicht mehr als ein Reihenhaus drin ist. Es ist um ein Vielfaches leichter, große, bunte und übertriebene Ideen zu verkleinern, als kleine, bescheidene und graue Ideen zu vergrößern.

Weitere Gründe für langweilige Ideen sind mangelnde psychologische Sicherheit und zu wenig Diversität (zum Beispiel in Haltung, Kompetenz und Blickwinkel) im Ideation-Team.

MÖGLICHKEITEN
DIVERGIEREND
BEST PRACTICE
KONVERGIEREND
MÖGLICHKEITEN

# Ideen generieren

Bei der Ideation geht es darum, sinnvolle Ideen für ein bestimmtes Ziel zu entwickeln. Das Prinzip des divergierenden und konvergierenden Denkens sollte jede kennen, die sich mit Ideenfindung beschäftigt.

## Divergenz

Im ersten Schritt der Ideation ist es gut, wenn die TN die Sphäre des standardmäßigen, logisch-kausalen Denkens – des »Bekannten« – verlassen und neue Assoziationen zulassen. Das geschieht zum Beispiel, indem sie aus der Perspektive einer anderen Person denken, sich in eine andere Zeit versetzen oder Hilfsmittel zur Assoziation verwenden. Die Gedanken werden nicht von vornherein begrenzt, alles ist erlaubt. Nicht machbare, von der Norm abweichende, ja sogar absurde Ideen dürfen geäußert werden. Hier werden neue Möglichkeiten entwickelt.

## Konvergenz

Im zweiten Schritt wird der Lösungsraum in Bezug auf die Fragestellung wieder verengt, und die besten, machbarsten Ansätze werden herausgefiltert oder die vorhandenen, zu großen, zu absurden Ideen, werden so verändert, dass sie umsetzbar werden.

Ein Beispiel verdeutlicht das Prinzip. Die Ausgangsfrage lautet: Wie verbessern wir unsere Kundenzufriedenheit? In der ersten Runde werden die TN angeregt, sich der Fragestellung mit assoziativen Techniken (Fragen, Bilder, Perspektivwechsel) zu nähern, und finden in der Divergenzphase Ideen wie zum Beispiel: »Wir gründen ein eigenes Subunternehmen nur für die Förderung der Kundenzufriedenheit.« Im zweiten Schritt, in der Konvergenzphase, kann diese Idee aussortiert (weil zu teuer) oder verändert werden, beispielsweise indem die wichtigsten Aufgaben des potenziellen Subunternehmens so verteilt werden, dass sie im Anschluss machbar und finanzierbar sind.

Es führt kein direkter Weg zur perfekten Idee. Die allermeisten genialen, als spontan empfundenen Einfälle »unter der Dusche« sind ein Produkt von bereits stattgefundener Divergenz und Konvergenz.

Ohne Divergenz bewegen wir uns sozusagen auf der Autobahn des Denkens und lassen, ohne links und rechts zu schauen, die notwendigen, außergewöhnlichen und neuen Gedanken nicht zu. Ohne Konvergenz bleibt es bei vielen Spinnereien.

# Die Wirkung nachhaltig verstärken





Aus Alltagsgewohnheiten auszubrechen, ist nicht nur im Privatleben schwierig, sondern auch im beruflichen Umfeld. Insbesondere wenn im Workshop neue Methoden erlernt werden, deren Anwendung oder Umsetzung ganz oder teilweise optional ist, ist es gut, den TN ein wenig Motivation an die Hand zu geben. Am besten ist es natürlich, wenn die TN den Nutzen des Wissens direkt im Workshop fühlen können, aber oft entwickelt sich die Wirkung des neuen Wissens erst im Alltag.

Hier ein paar mögliche Vorgehensweisen:

## Selbstverpflichtung und Peer-Kontrolle

Im Workshop nehmen sich die TN Aktionen vor, die sie in der nächsten Zeit einsetzen möchten (zum Beispiel möchte eine Führungskraft täglich mit einem Teammitglied sprechen). Das wird im Workshop vor allen anderen geäußert, aufgeschrieben und zum Zeichen der Verpflichtung unterschrieben. Verstärkt wird die Selbstverpflichtung durch Peer-Kontrolle, das heißt, ein anderer TN überprüft die Erfüllung des Versprechens in einer zu definierenden Weise. Das kommt besonders in hierarchisch geprägten Umfeldern gut an.

## Nudging

Nudging bedeutet, menschliches Verhalten in eine gewünschte Richtung zu bewegen, ohne Zwang, Druck oder ökonomische Anreize.[15] Wenn zum Beispiel in der Kantine ungesundes Essen nur sehr schwer erreichbar ist, greift so mancher zur gesunden Alternative. Ideen für Nudges können im Workshop entwickelt werden.

## Follow-up-Termin

Mit der Ankündigung eines oder mehrerer Follow-up-Termine im Workshop setzt du direkt ein konkretes, neues Ziel. In den folgenden Terminen kann nach einem Zeitraum des Erprobens ein Resümee gezogen werden, man kann sich zu dem bisher Erlebten austauschen, es können Verbesserungsoptionen geprüft oder gemeinsam ganz andere Wege erarbeitet werden.

## Workshops in der Transformation

Nicht jedes Problem lässt sich an einem Tag lösen. Wenn tiefgreifende organisationale Veränderungen angestrebt werden, sind Workshops – zusammen mit weiteren Maßnahmen – Teil einer aufeinander aufbauenden Veränderungsarchitektur. Nachhaltige Wirkung entfaltet sich im Zusammenspiel der einzelnen Bestandteile. In diesem Fall ist nach dem Workshop vor dem Workshop.

15 Richard H. Thaler und Cass R. Sunstein: *Nudge*, Berlin 2009

# THE END

# Schön abschließen

Wie schließt man einen Workshop ab? In der Regel wie eine Yogastunde: Es muss ein wenig Zeit geben, um in sich zu gehen, zu reflektieren, was man mitgenommen hat, und ein kleines Ritual soll den Abschluss fühlbar machen und für alle das Ende der Veranstaltung markieren.

## Namasté!

Das Aussprechen diese Grußes ist in vielen Workshops nicht unbedingt angebracht, aber die Haltung sollte für die TN rüberkommen: Verbeuge dich vor dir selbst und deinen heute vollbrachten Leistungen.

## Schnelle Feedbackrunde

Die Fragen »Was hast du mitgenommen?«, »Was hat dir am besten gefallen?« oder »Was kannst du von dem heute Gelernten im Alltag einsetzen?« helfen nicht nur den TN, die Inhalte nochmal Revue passieren zu lassen, sondern auch dem Moderator für eventuelle Verbesserungen in der Zukunft. Feedbackmethoden findest du ⇢ ab S. 164.

## Komplimente-Shower

Wenn es sich um vertraute Teams handelt, ist zusätzlich eine »Komplimente-Shower« – jeder macht jedem ein Kompliment – ein toller, motivierender Abschluss (⇢ siehe beispielsweise S. 253, »We are Heroes«). Auf jeden Fall solltest du am Schluss dafür sorgen, dass ein positives Gefühl bleibt. Das motiviert die TN zusätzlich, die Workshopthemen mit in den Alltag zu nehmen.

## Materialien nach Ende des Workshops

Ganz am Ende erklärst du gegebenenfalls kurz, was (oder ob) jetzt noch etwas folgt (die Zusendung einer Dokumentation zum Beispiel, ein Follow-up in einem Monat oder eine Onlinefragerunde nach den ersten Einsatzversuchen der neuerlernten Methoden).

## Tschüss mit Applaus

Du bedankst dich bei den TN und kannst, wenn du willst, von deinen Highlights des Tages berichten. Danach verabschiedest du dich.

Um einen lautstarken Abschluss zu erzeugen, kann eine Aufforderung zum gegenseitigen Applaus gegeben werden. So wird das Ende des Workshops positiv besiegelt.

CREATE GOOD
CONDITIONS, THEN
Trust the Process

# Klappt das alles auch wirklich?





Als ich angefangen habe, Workshops zu machen, war meine größte Sorge, ob das, was ich da plane, auch wirklich funktioniert. Werden die TN es tatsächlich schaffen, bahnbrechende Ideen für die nächste Kampagne zu entwickeln? Schaffen sie es, diese eine, wichtige Entscheidung zu treffen? Kann es nicht auch sein, dass ich schlafende Hunde wecke, und das Team bekommt sich danach noch öfter in die Haare als zuvor?

## Das Wissen liegt im System

Du bist die Moderatorin und keine Hellseherin, keine gute Fee und keine Wunderheilerin. Du hast es in der Hand, die TN gut durch den Prozess zu leiten. Welche Ideen sie dabei entwickeln, welche Lösungen und welche Wege sie beschreiten, um ihre Teams zu verbessern, ist ihre Sache. Deine Aufgaben sind ein zur Gruppe passendes Konzept, gute Organisation und die empathische Führung durch das Programm.

Du weißt im Vorfeld nie, welche Ergebnisse entstehen werden. Aber es ist sehr wahrscheinlich, dass das Ergebnis, in diesem Moment und für diese Gruppe, genau das richtige ist.

Wenn du Anfängerin bist, empfehle ich dir, klein zu beginnen und nach und nach ein Gefühl dafür zu entwickeln, was funktioniert und wie Gruppen reagieren und handeln:

- Verwende eine einzelne Methode in einem Meeting und sieh, was passiert.
- Verwende die gleiche Methode mit anderen Menschen und sieh, was anders ist.
- Probiere im sicheren Rahmen (Team, Freundinnen) eine neue Methode aus.

Mit der Zeit wirst du ein wirklich gutes Gespür dafür bekommen, was geht, was nicht und was davon kleine Wunder bewirkt. Aber vor allem gilt: Es klappt meist viel besser, als du denkst. Darum schlage ich vor: Sei mutig und hab Vertrauen in den Prozess!

WORKSHOP-
METHODEN
ZUM
KOMBINIEREN

A

# Allgemeines zu den Methoden





## Sind Methoden wie Kochrezepte?

Ja und nein. Wenn es Rezepte sind, dann eher die Sorte »alte Rezepte aus der Familie«, bei denen Generationen von Köchen Zutaten hinzugefügt, weggelassen und ausgetauscht haben.

Ich habe meine Oma mit etwa zwölf Jahren gefragt, wie man Pfannkuchen macht. Sie antwortete: »Zwei Handvoll Mehl, ein Ei, ein paar Schluck Milch, Zucker und eine Prise Salz zu einem dickflüssigen Teig zusammenrühren. Ordentlich Butter zum Anbraten.«

Bei Workshopmethoden ist das ähnlich. Mir ist bewusst, dass ich manchen Menschen mit dieser Flexibilität – oder nennen wir es »Ungenauigkeit« – etwas abverlange, was nicht wirklich ihrer Natur entspricht. Warum geht das nicht genauer?

Weil jede Gruppe anders ist, weil manchmal nicht alle Zutaten vorhanden sind und du deshalb Alternativen verwenden musst oder weil du es lieber nicht so süß magst. Zu viel Genauigkeit wird schnell kontraproduktiv. Sie schränkt ein, wo Offenheit gefragt ist. Sie setzt Grenzen, wo du über Grenzen entscheiden solltest, weil du deine Situation viel besser beurteilen kannst.

Außerdem wollte ich es möglichst kurz halten, damit du dir schnell darüber klar werden kannst, ob diese eine Methode die richtige für dich ist.

Jede Situation ist individuell. Meine Oma hatte übrigens riesige Hände und hatte immer mindestens einen Pfannkuchen mehr als ich bei »zwei Handvoll Mehl«.

## Welche Methode passt zu dir und deiner Situation?

Viele der Methoden, die im folgenden Abschnitt vorgestellt werden, kannst du einzeln, zum Beispiel in Meetings, verwenden, andere sind nur im größeren Kontext sinnvoll. Ich habe sie nach Einsatzzweck sortiert, sodass du, wenn du Methoden für deinen Workshop auswählst, schnell in der Kategorie nachsehen kannst, die zu deiner Situation am besten passt. Dann liest du dir den Text unter »Wann einsetzen?«, den du auf jeder Methodenseite findest, durch und prüfst, ob die Beschreibung zu deinen Zielen passt.

Ist das der Fall, dann kannst du dich mit dem Abschnitt »So geht's« beschäftigen und dir vorstellen, wie sich diese Methode grundsätzlich in deiner Situation anfühlen könnte und wie gut sie zu deinen TN passt. Zu crazy? Zu sachlich? Zu lang? Zu wenig Tiefe? Dann passt es einfach noch nicht.

Die beschriebenen Ergebnisse sind genau das, was du brauchst, aber du kannst dich mit einer Formulierung nicht anfreunden? Vielleicht musst du nur eine kleine Änderung machen.

Wenn du dich für eine der Methoden entschieden hast, stehen dir alle Optionen offen: Du kannst Fragen, Zeiten oder Reihenfolgen an deine individuelle Situation anpassen. Du kannst sogar zwei Methoden nehmen und sie mischen. Es gibt keine reine Lehre. Mache das, was du gerade brauchst.

## Die Generalprobe

Spiele die ausgewählte Methode Schritt für Schritt im Kopf durch. Bei dieser inneren »Generalprobe« ...

... kannst du gut spüren, welche Formulierungen noch an die Sprache deiner TN angepasst werden müssen.

... kannst du besser einschätzen, wie lange die Übungen mit deinen angenommenen zwölf TN dauern werden.

... kannst du antizipieren, welche Art der Ergebnisse damit bei deinen TN möglich sind.

Und nicht zu vergessen: So eine Methode muss auch zum Moderator passen. Wenn sich das alles gut und passend anfühlt, liegst du mit der Methode richtig.

## Die Kategorien

Die Einordnung der Methoden in Kategorien ist nur teilweise eindeutig. Manche Methoden können, mit leicht verändertem Fokus, auch zu anderen Zwecken eingesetzt werden. So können die fiktiven Personas zur Ideenfindung und die Denkhüte auch für die Awareness genutzt werden. Ich verwende die Methoden oft nur zur Inspiration und baue sie entsprechend um. Aus diesem Grund habe ich nicht immer Zeitangaben gemacht, denn die variieren ja nach Einsatzzweck und Anzahl der TN.

## Warum diese Methoden?

Es gibt unzählige Methoden. Was hier vorliegt, ist eine kuratierte Zusammenstellung der Methoden, die ich für verschiedene Zwecke besonders gut finde. Eine Gemeinsamkeit: Ich habe in meiner Laufbahn eher mit sachlichen Menschen zu tun gehabt. Daher findest du hier eher Methoden, deren Sinn sich relativ einfach erschließt, auch wenn einige vordergründig sehr spielerisch wirken.

## Quellen

Einige Methoden habe ich zwar selbst entwickelt, die meisten sind aber Weiterentwicklungen bestehender Methoden. Wiederum andere habe ich direkt so übernommen, wie ich sie kennengelernt habe. Ich habe mich bemüht, den Ursprüngen der Methoden auf die Schliche zu kommen. Da die Methoden jedoch immer wieder angepasst werden und zudem unter verschiedenen Namen kursieren, ließ sich der Ursprung leider nicht immer zurückverfolgen.

## Einsatz der Methoden

Am Ende des Buchs gibt es eine Kurzübersicht, die zusammenfasst, was jede Methode kann. Diese bietet einen guten Überblick und hilft dir schnell die Methoden zu finden, die du für deinen Workshops suchst.

Drei wichtige Aspekte habe ich direkt auf jeder Methodenseite vermerkt. So kann man schnell sehen, ob die Methode ohne viel Vorbereitung auch im Meeting funktioniert, ob man sie auch Remote einsetzen kann oder ob sie eher für Fortgeschrittene gedacht ist. So sieht das dann aus:

○ auch im Meeting ○ auch Remote ○ für Fortgeschrittene

● = Ja ○ = Nein

**Eine Methode ist für mich schnell in Meetings einsetzbar**, wenn sie kaum Vorbereitung und keine Sondermaterialien braucht. Post-its, Flipchart-Blätter, Stifte und Marker oder Ähnliches sind aber in so gut wie jedem Besprechungsraum vorhanden und fallen deshalb nicht darunter. Sehr lang dauernde Methoden sind für mich ebenfalls nicht in Meetings einsetzbar.

**Eine Methode kann mit Vorbereitung auch remote durchgeführt werden**, wenn die derzeitigen Standardmöglichkeiten von Tools wie Miro oder Zoom das hergeben. Oft müssen dabei jedoch Vorlagen im Vorfeld erstellt werden. Das kann also durchaus auch mal aufwändig werden. Manche Methoden sind digital zwar machbar, aber ich empfehle sie nur für Workshops in Anwesenheit.

Generell sind einige Methoden zwar in Meetings oder Remote-Workshops machbar, aber nicht sinnvoll. Das ist jedoch nur meine Einschätzung. Wenn ich meine, dass eine Methode nicht für Meetings oder Remote-Workshops geeignet ist, bist du jederzeit eingeladen, gerade das als Herausforderung zu sehen.

**Eine Methode ist meines Erachtens eher für Fortgeschrittene**, wenn man als Moderator dabei unter Umständen mit negativen Gefühlen der TN umgehen muss. Das betrifft allerdings nur sehr wenige der hier vorgestellten Methoden und ist entsprechend gekennzeichnet. Außerdem ist eine Methode eher für Fortgeschrittene, wenn es sehr schnell und kompliziert wird.

# INTRO Methoden

»The best way to find out
if you can trust somebody
is to trust them.«

*– Ernest Hemingway*

Hier geht es um einen guten Einstieg in den Workshop. Die TN sollen sich gegenseitig (besser) kennenlernen und Vertrauen zueinander aufbauen, damit sie im Anschluss besser und lieber zusammenarbeiten.

Im Business-Umfeld gibt man sich normalerweise eher stärker und unverwundbarer, als man tatsächlich ist. Das führt jedoch auf Dauer zu einer Kultur, in der Fehler unter den Tisch gekehrt werden und jeder sich selbst nur im besten Licht darstellt.

Hingegen bekommen Personen, die sich öffnen, auch Offenheit entgegengebracht; diejenigen, die sich verletzlich zeigen, bekommen Vertrauen entgegengebracht. Vertrauen entsteht, wenn man als Mensch wahrgenommen wird.

Die folgenden Methoden haben gemeinsam, dass sie auf sehr zurückhaltende und individualisierbare Weise Einblicke in das Leben der TN als »Menschen« geben und so gegenseitiges Vertrauen und eine gute Stimmung untereinander fördern.

MEIN BESTER URLAUB
WAS ICH AM LIEBSTEN MACHE
MEIN LIEBLING. ORT
MEIN LIEBLINGSFILM
MEIN LIEBLINGSESSEN
MEIN KURIOSESTER STUDENTENJOB
MEIN LIEBLINGSBUCH

# Fragewolken





Die Fragewolken helfen den TN, unverfänglich eine persönliche, private Ebene herzustellen. Jeder gibt etwas von sich preis, aber nur so weit es ihm behagt. Das trägt der Tatsache Rechnung, dass persönliche Grenzen sehr unterschiedlich sein können.

## Wann einsetzen?

Am Anfang eines Workshops. Ideal für die Herstellung einer ersten Vertrauensbasis. Wenn sich die TN »als Menschen« kennenlernen sollen. Der gegenseitige Bekanntheitsgrad ist eher unwichtig. Funktioniert sogar in sehr formellen Umgebungen gut. Wenn man verhindern möchte, dass in der Vorstellungsrunde endlos individuelle Lebensläufe erzählt werden.

## So geht's

Als Moderator hast du dir im Vorfeld Fragen an die TN ausgedacht, die auf (eher private) Vorlieben abzielen. Am besten bietest du einige Alternativen an. Ich hänge dazu Wolken mit kleinen Zeichnungen auf (→ siehe Abbildung links) und fordere die TN auf, ganz kurz ihren Namen, ihren Verantwortungsbereich und ihre Rolle im Projekt zu nennen. Den größeren Zeitanteil sollen sie im Anschluss mit der Beantwortung der Fragen verbringen und viel über sich selbst erzählen. Geeignet sind beispielsweise: Lieblingsessen, Lieblingsfilme, Lieblingsbücher, Hobbys oder favorisierte Reiseziele und was genau ihnen daran so gefällt. Es sollte sich immer um Fragen handeln, die positive Erinnerungen und Assoziationen herstellen. Eine meiner bevorzugten Fragen ist die nach dem kuriosesten Studenten- oder Ferienjob. Weitere Beispiele: Was war dein witzigstes Urlaubserlebnis? Wofür hast du als Kind dein Taschengeld ausgegeben? Was war eines deiner denkwürdigsten Erfolgserlebnisse als Teenager? Den meisten TN fällt es leicht, diese Fragen zu beantworten und kleine, emotional aufgeladene Geschichte dazu zu erzählen.

## So geht's weiter

Die TN sind jetzt emotional aufgewärmt und der Hauptteil des Workshops kann beginnen.

● auch im Meeting ● auch Remote ○ für Fortgeschrittene

Tom
DREI DINGE, DIE KEINER ÜBER MICH WEISS …
ICH KANN »DIE BÜRGSCHAFT« VON SCHILLER AUSWENDIG
ICH BIN MIT 15 MAL SELBST LKW GEFAHREN
MEIN HUND BELLT NUR LEHRER AN

# Zwei Wahrheiten, eine Lüge



Eine witzige Art, exotische Fakten über die anderen TN zu erfahren und sich dabei näher kennenzulernen, ist das Einstiegsspiel »Zwei Wahrheiten, eine Lüge«.

## Wann einsetzen?

Wenn die TN sich bereits kennen, aber mehr übereinander erfahren sollen. Für Gruppen, die sich noch gar nicht kennen, gibt es bessere Optionen. Auch als kompetitiver Brain Teaser zum Beispiel nach dem Mittagessen einsetzbar.

## So geht's

Jede TN erhält ein Blatt, auf dem die Überschrift »Drei Dinge, die du nicht über mich weißt« steht. Optional kann das Blatt ein Foto der TN enthalten. Jede TN schreibt als Erstes ihren Namen auf das Blatt. Im Anschluss notiert sie drei Aussagen über sich selbst darunter. Diese können ganz unterschiedlicher Natur sein. Zum Beispiel: *Ich habe zehn Katzen. Ich war mal im Gefängnis. Ich habe mich mal im Sommer als Weihnachtmann verkleidet. Mein Lieblingsessen ist Schweinshaxe. Ich war mal Deutsche Meisterin im Biathlon. Ich habe schon einmal Obama die Hand geschüttelt. Ich habe 180 Paar Schuhe.* Eine der drei Aussagen muss gelogen sein. Die anderen beiden entsprechen der Wahrheit. Im nächsten Schritt werden die Blätter an die Wand geheftet, und jede TN klebt je einen Klebepunkt auf die mutmaßlichen Lügen der anderen. Im Anschluss erfolgt die Aufklärung seitens der TN.

## So geht's weiter

Du kannst aus diesem Spiel zusätzlich einen Wettbewerb machen. Das solltest du allerdings im Vorfeld ankündigen. Entweder vergibst du Punkte für die besten Schätzungen (*Wer hat die meisten Lügen erraten?* Bei dieser Variante brauchst du eine Klebepunktfarbe pro TN) oder Punkte für die besten Lügen *(Wessen Lüge wurde am seltensten erraten?)* oder beides. Die Gewinnerin erhält einen kleinen Preis.

● auch im Meeting ● auch Remote ○ für Fortgeschrittene

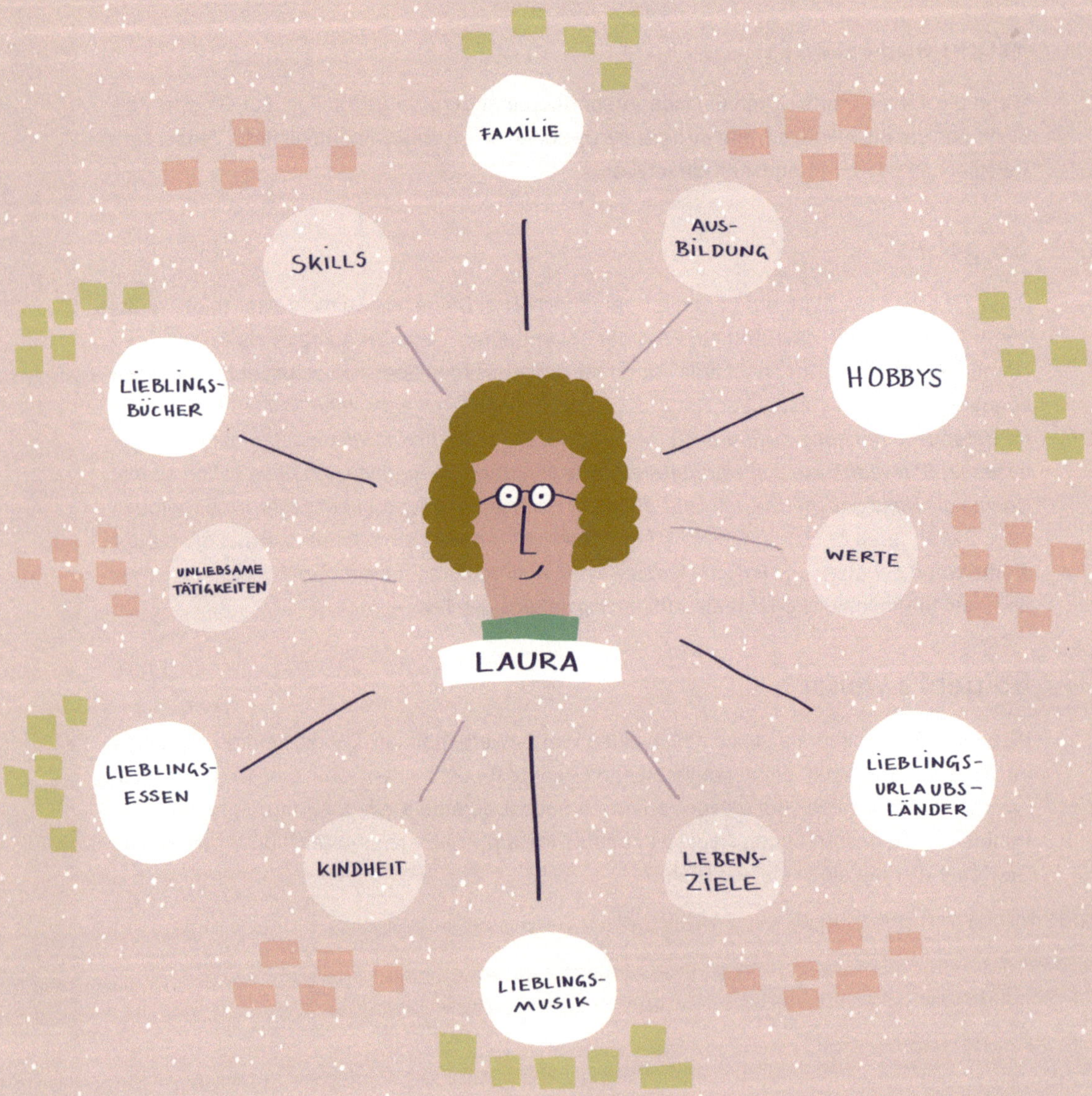
FAMILIE
SKILLS
AUS-
BILDUNG
LIEBLINGS-
BÜCHER
HOBBYS
UNLIEBSAME
TÄTIGKEITEN
WERTE
LAURA
LIEBLINGS-
ESSEN
LIEBLINGS-
URLAUBS-
LÄNDER
KINDHEIT
LEBENS-
ZIELE
LIEBLINGS-
MUSIK

# Personal Maps

»Personal Maps« sind super, wenn sich das Team schon ein wenig kennt, aber das Kennenlernen oberflächlich geblieben ist. Es ist eine tolle Methode, um Gemeinsamkeiten und Unterschiede festzustellen.[16]

## Wann einsetzen?

Wenn man als Team richtig zusammenwachsen will, ist es gut, mehr als nur Berufliches voneinander zu wissen. Eigentlich sind die »Personal Maps« keine Workshopmethode, sondern werden zwischen zwei Teammitgliedern eingesetzt. Wenn sich die TN schon einigermaßen gut kennen.

## So geht's

Jeder TN erhält ein Flipchart. In die Mitte des Flipcharts malt der TN sich selbst, seinen Namen und gegebenenfalls seine Funktion im Projekt, wenn diese noch nicht allseitig bekannt ist. Danach lässt du die TN gemeinsam entscheiden, welche Kategorien sie darstellen möchten. Links siehst du ein paar Beispielkategorien. Dabei sind die rosa dargestellten Kategorien eher für Fortgeschrittene, also Personen eines Teams, die sich schon besser kennen und sich gut verstehen. Ist das nicht der Fall, ist das Risiko, damit eine angespannte Atmosphäre zu erzeugen, ziemlich hoch. Die weißen Kategorien sind eher für Anfänger. Am besten, du zeichnest nach der gemeinsamen Kategorieentscheidung schnell ein Beispielplakat als Vorlage für die TN.

Wenn die TN die Kategorien auf ihr Plakat eingezeichnet haben, werden die Plakate nebeneinander aufgereiht. Jetzt klebt jeder TN in circa 15 Minuten (je nach TN-Anzahl) kleine Post-its mit Stichworten zu dem, was er über die Kollegen weiß, an die entsprechenden Kategorien auf den Plakaten der anderen. So werden schnell blinde Flecken sichtbar. Beim anschließenden Wall Walk korrigiert der betreffende TN falsche Informationen und ergänzt – mit Post-its in einer anderen Farbe – ein paar Punkte, die noch nicht auf seiner Map stehen, also das, was die anderen nicht von ihm wissen. Dabei kommen einige erstaunliche Fakten über die Kollegen ans Licht, und es entstehen neue Erkenntnisse und Verbindungen. Alternativ können die Maps natürlich auch von Anfang an durch die Eigentümer selbst ausgefüllt und im Anschluss präsentiert werden.

## So geht's weiter

Jetzt kann der Workshop los- beziehungsweise weitergehen.

16 Methode basierend auf »Personal Maps«, https://management30.com/practice/personal-maps/

● auch im Meeting ● auch Remote ○ für Fortgeschrittene

WIR SIND ...
UNSERE HOBBYS ...
UNSER START-UP

# Hobby-Start-up





Diese Methode, die ich in einem Workshop von Henning Patzner von Bridgehouse gesehen habe, zeigt schnell das kreative Potenzial auf, das in jeder zufälligen Assoziation steckt

## Wann einsetzen?

Am besten am Anfang von Innovations- oder Strategieworkshops. Aber auch als kreatives Kennenlernmodul toll, wenn die TN direkt aktiv werden sollen. Bei kleineren Gruppen sinnvoll; bei größeren dauert diese Übung sehr lange.

## So geht's

Teile die TN in Zweiergruppen auf. Wenn es vorranging ums Kennenlernen geht, ist es gut, wenn es sich um zwei sehr unterschiedliche TN handelt und/oder solche, die noch nicht viel miteinander zu tun hatten. Aber auch eine Zufallswahl funktioniert gut.

Die Aufgabe lautet nun: »Unterhaltet euch 5 Minuten lang über eure Leben und eure Hobbys. Erzählt euch gegenseitig, was ihr so richtig gerne macht und was ihr tagelang machen könnt, ohne euch zu langweilen. Das kann alles sein: von Paragliding über Flohmarktbesuche bis hin zu Kinderkleider häkeln. Nehmt euch die Zeit und sagt euch, was euch daran so richtig gut gefällt. Danach habt ihr 10 Minuten lang Zeit, aus zwei der Hobbys – eins von jedem – ein Geschäftsmodell zu entwickeln. Denkt darüber nach, was Menschen gefallen könnte, wofür sie Geld ausgeben würden und was euch als Geschäftsführer daran Spaß machen würde. Denkt gegebenenfalls sogar an zukünftige Weiterentwicklungen.«

Danach stellen sich die TN in ihren Zweiergruppen zunächst gegenseitig vor. Im Anschluss präsentieren sie in etwa 5-minütigen Vorträgen ihre Hobbys und ihr daraus resultierendes, gemeinsames Geschäftsmodell.

## So geht's weiter

Jetzt kann es los- beziehungsweise weitergehen.

● auch im Meeting ● auch Remote ○ für Fortgeschrittene

ALS KIND WOLLTE ICH IMMER ...
AUF EINER REISE DURCH DIE USA ...
MEINE SPEZIALITÄT IST KÄSEKUCHEN ...

# Picture Improv



Die Methode kann mit den gleichen Bildkarten durchgeführt werden wie die Bildassoziation »Visual Brain Teaser« (→ siehe S. 203), nur dass es hier um die Vorstellung der Teammitglieder geht.

## Wann einsetzen?

Spielerische Vorstellung der TN, die zufällige Storys aus dem Leben der Anwesenden zum besseren Kennenlernen nutzen. Auch zum kreativen Aufwärmen. In dem Fall aber lieber schneller und mit nur einer Karte durchführen lassen.

## So geht's

Jede TN zieht sechs Bildkarten vom Stapel oder aus der Hand der Moderatorin. Danach haben die TN Zeit, sich die Karten etwas genauer anzusehen und im Stillen Assoziationen zu den Bildern zu bilden. Du erläuterst, dass es nicht um erfundene Storys gehen soll, sondern darum, kleine Geschichten aus dem Leben zu erzählen. Aus den sechs Karten wählt sich jede die zwei aus, zu denen ihr die besten Geschichten einfallen. Nach etwa 3 bis 5 Minuten geht es los. Die erste TN zeigt ihr erstes Bild (zum Beispiel: Pippi Langstrumpf) und erzählt, was Pippi Langstrumpf in der Kindheit für sie bedeutet habe. Danach zeigt sie das nächste Bild und erzählt die dazu passende Geschichte. Wenn sie fertig ist, geht es reihum, bis alle TN ihre kurzen Geschichten erzählt haben. Wenn alle Geschichten erzählt sind, animierst du alle zu einem kleinen Applaus.

- **Variante I:** Es können Zweiergruppen gebildet werden und die TN erzählen sich gegenseitig von ihren Assoziationen. Im Anschluss stellt man sich gegenseitig vor.
- **Variante II:** Wenn sich die TN schon sehr gut kennen, werden Zweiergruppen gebildet und die erste TN erzählt auf Basis ihrer Karten Storys über die zweite TN.

## So geht's weiter

Jetzt kann es mit dem Workshop losgehen.

**Tipp:** Ich habe meine Bilder selbst ausgewählt und auf dicken Fotokarten ausgedruckt. Provokative oder vieldeutige Motive, die viele Assoziationen zulassen, sind dafür am besten geeignet. Du kannst solche Karten aber auch kaufen: Von 2DOBOARD gibt es ein Set mit 45 Coaching-Karten, die zwar nicht wirklich provokativ, aber doch ganz gut geeignet sind.

● auch im Meeting ○ auch Remote ○ für Fortgeschrittene

Soziometrie

# Soziometrie

Diese Methode ist extrem einfach und schnell und kann auch spontan gut eingesetzt werden.[17] Dabei ist es vorteilhaft, wenn du mehr als acht TN hast und einen Raum, in dem man sich gut bewegen kann. Die Wirkung: Die TN kommen miteinander ins Gespräch und bringen ihren Kreislauf in Schwung.

## Wann einsetzen?

Am Anfang, zum Kennenlernen oder nach dem Mittagessen für eine kleine Bewegungseinheit, ohne dass der Eindruck von »Gymnastik« entsteht.

## So geht's

Du stellst eine Frage, deren Antwort grob messbar oder örtlich definierbar sein muss (gleich kommen Beispiele). Jetzt bittest du die TN, sich gemäß dieser Frage im Raum aufzustellen oder anzuordnen. Entweder entlang einer Linie, im Raum verteilt oder an definierten Plätzen. Gut ist es, wenn die Kriterien zu den Inhalten des Workshops passen. Beispiele für einfache und unverfängliche Kriterien:

- **Auf einer Linie:** Sortierung nach Jahren der Betriebszugehörigkeit, nach Jahren bis zur Rente, nach Alter. Nach Sockenlänge, Anzahl gesprochener Sprachen, danach, wie viele Jahre man schon in Berlin oder einer anderen Stadt lebt.
- **Auf einer gefühlten Welt- oder Deutschlandkarte:** Wo war dein letzter Urlaub? Dein bester Urlaub? Wo bist du geboren? Von wo bist du angereist? Wo ist dein Lieblingsort?
- **Aus der Gruppe heraustreten:** Wer war schon mal in Indien? Wer hat schonmal einen Bungee-Sprung gemacht? Wer hat eine Katze?

Wenn du dir sicher bist, dass die folgenden Kriterien nicht zu Verwerfungen führen, kannst du Folgendes ausprobieren: Wie hoch schätzt du deine Kompetenz in XY ein? Wie viel Spaß hattest du gestern Abend auf der Feier? Wo auf einer Skala von 0 bis 5 ordnest du deine Loyalität zu XY ein?

## So geht's weiter

Jetzt kann angefangen beziehungsweise fortgefahren werden.

17 Methode basierend auf Jacob Levy Moreno: *Die Grundlagen der Soziometrie,* Wiesbaden 1954

● auch im Meeting ○ auch Remote ○ für Fortgeschrittene

GEHIRN-
CLEANER
Methoden

»Alles, was wir sind,
entsteht aus unseren Gedanken.
Mit unseren Gedanken
formen wir die Welt.«

*– Buddha*

Die Gehirn-Cleaner-Methoden bereiten die TN auf das Kommende vor. Sie sind zur Aktivierung anderer Denkweisen gedacht. Zum Beispiel ist es vor einer Ideation Session sinnvoll, die Gehirne von TN, die noch im Berufsalltagsmodus sind, in den Kreativmodus zu überführen. Aber auch nach dem Mittagessen zur Reaktivierung oder vor einem gewünschten Wechsel der Denkrichtung bringen sie die TN in die erforderliche Stimmung.

TÄRÄ!
BEEP!
KRK!
BLUB!

# Crazy Human Machine



## Wann einsetzen?

Die »Crazy Human Machine«[18] ist eine Aufwärmübung für zwischendurch, wenn du den Eindruck hast, dass nicht mehr genug Energie im Raum ist. Besonders geeignet ist die Methode für Teamworkshops, in denen es um Rollendefinitionen geht. Da es dabei körperlich und albern wird, solltest du darauf achten, dass sich das mit der Gruppe verträgt.

## So geht's

Du kündigst an, dass die TN jetzt eine einzigartige, verrückte und intelligente Maschine bauen werden. Das Verrückte daran ist, dass das Baumaterial sie selbst sind. Die Regeln: Jedes Teil muss sich in einem Rhythmus bewegen. Jedes Teil interagiert mit einem anderen Teil. Jedes Teil muss ein Geräusch machen. Es darf nicht gesprochen werden.

Eine TN wird auserkoren anzufangen. Sie macht eine sich wiederholende Bewegung (zum Beispiel mit dem Fuß aufstampfen) und ein dazu passendes Geräusch im gleichen Rhythmus (zum Beispiel: Zisch!). Eine nächste TN soll sich nun dazugesellen, ebenfalls eine Bewegung und ein Geräusch machen und mit der ersten Person interagieren. Das kann mit oder ohne Berührung stattfinden (das solltest du in der Ankündigung festlegen oder abfragen). Die Bewegungen sollten jedoch auf jeden Fall etwas miteinander zu tun haben. Dann kommt die dritte TN hinzu und so weiter, bis sich aus allen TN eine riesige, laute Maschine gebildet hat.

Interessant wird es ab acht TN, bei größeren Gruppen (20 TN oder mehr) dauert es sehr lang und die ersten sind schon außer Atem.

## So geht's weiter

Bei aufgeschlossenen Gruppen ist das eine gute Gelegenheit für ein Gruppenfoto. Nach der Übung ist wieder Energie in der Gruppe.

---

18 Methode basierend auf »Human Machine« von Fiamma Degl'Innocenti, aus Pauline Tonhauser: *66+1 Warm-up, die dich als Trainer unvergesslich machen*, Norderstedt 2018

● auch im Meeting ○ auch Remote ○ für Fortgeschrittene

# String Theory





Verbindungen entstehen nicht zwischen Rollen, sondern zwischen Menschen. Diese Übung betont menschliche Verbindungen und macht sie sichtbar.[19]

## Wann einsetzen?

»String Theory« ist eine spielerische gegenseitige Vorstellung, wenn sich die TN nicht oder nur im beruflichen Kontext kennen. Oder ein Spiel für zwischendurch, wenn es um das Aufdecken verborgender Verbindungen geht. Für mittelgroße Gruppen geeignet (7 bis 15 TN).

## So geht's

Du brauchst zu dieser Übung ein großes Wollknäuel. Ziel der Übung ist es, über den Wollfaden Verbindungen innerhalb der Gruppe sichtbar zu machen. Die TN stehen im Kreis. Der erste TN hat in seiner Wurfhand das Wollknäuel, mit der anderen Hand hält er das Ende des Fadens fest. Nun trifft er eine Aussage. Zum Beispiel: »Ich habe eine Katze.« Aus der Runde antwortet ein zweiter TN: »Ich auch!« Der zweite TN bekommt nun das Wollknäuel vom ersten TN zugeworfen, der erste TN behält jedoch das Ende in der Hand, sodass zwischen den beiden jetzt ein Faden verläuft. Der Faden wird gespannt. Jetzt trifft der zweite TN eine Aussage und wirft im Anschluss das Wollknäuel zum dritten TN. So entsteht nach und nach ein dichtes Netz.

Die getroffenen Aussagen sollten aus dem Privatbereich kommen. Man kann die Übung aber auch einem speziellen Kontext anpassen *(»Was haben wir gemeinsam in Bezug auf …?«)*. Wenn mehr als ein TN antwortet, entscheidet der Knäuelinhaber, wohin er wirft. Das Spiel ist beendet, wenn jeder TN wenigstens zwei Fäden hält oder wenn das Knäuel aufgebraucht ist.

## So geht's weiter

Du kannst die TN fragen, was sie in diesem Netz sehen, welche neuen Verbindungen sie entdeckt haben oder wie wichtig sie diese Verbindungen finden.

**Tipp:** Baumwolle, glattes Acryl- oder Makramee-Garn eignen sich gut, denn die Fäden lassen sich reibungslos abwickeln. Bei Material mit langen Fasern (Wolle, Angora oder Ähnliches) klappt das nicht so gut, denn die Fäden verhaken sich und die Übung wird holprig. Die TN sind dann mehr mit Abwickeln als mit Fragen beschäftigt.

---

19 Eben Halford: »String Theory«, https://retromat.org/en/?id=129

○ auch im Meeting ○ auch Remote ○ für Fortgeschrittene

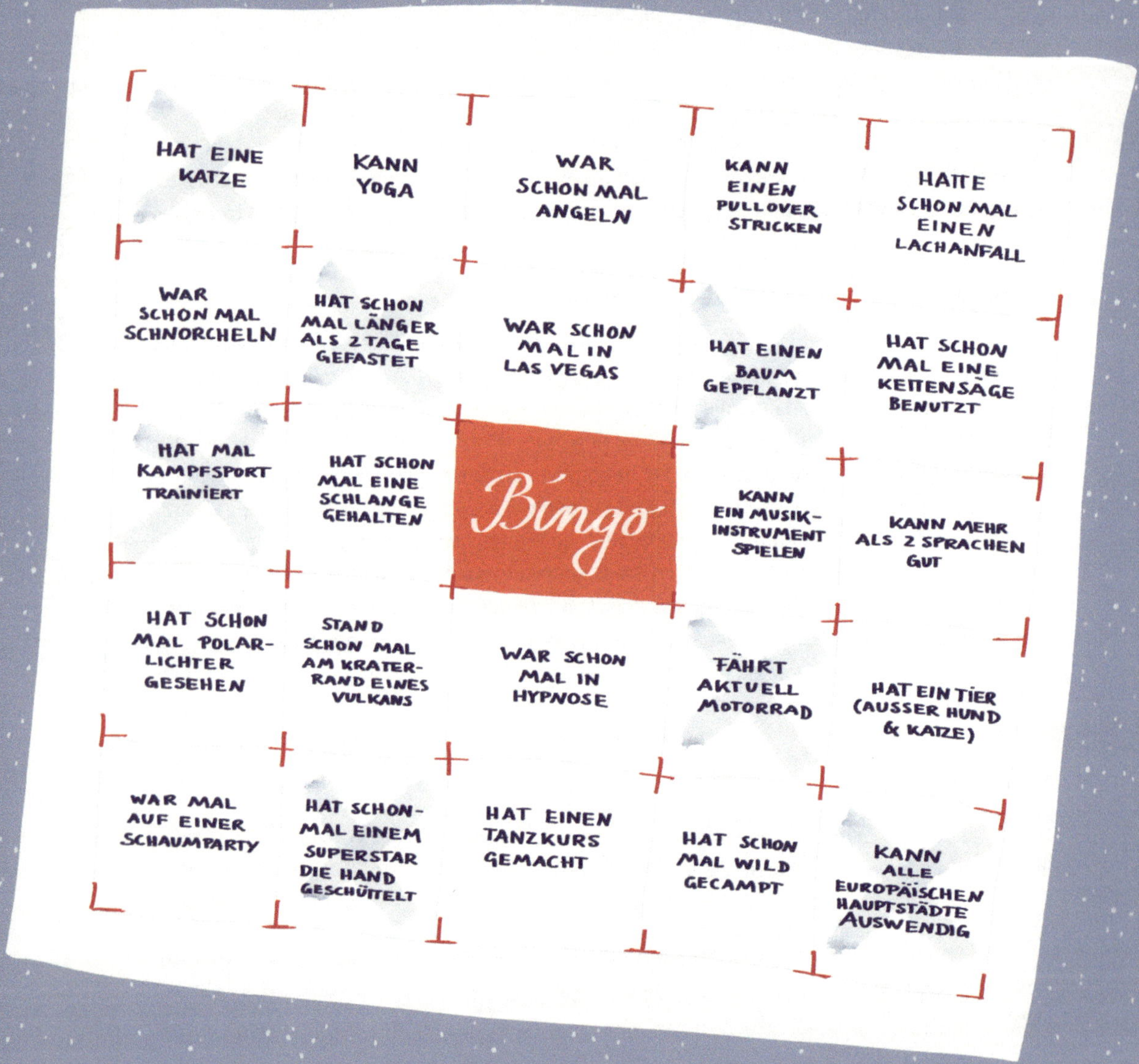
HAT EINE KATZE
KANN YOGA
WAR SCHON MAL ANGELN
KANN EINEN PULLOVER STRICKEN
HATTE SCHON MAL EINEN LACHANFALL
WAR SCHON MAL SCHNORCHELN
HAT SCHON MAL LÄNGER ALS 2 TAGE GEFASTET
WAR SCHON MAL IN LAS VEGAS
HAT EINEN BAUM GEPFLANZT
HAT SCHON MAL EINE KETTENSÄGE BENUTZT
HAT MAL KAMPFSPORT TRAINIERT
HAT SCHON MAL EINE SCHLANGE GEHALTEN
Bingo
KANN EIN MUSIKINSTRUMENT SPIELEN
KANN MEHR ALS 2 SPRACHEN GUT
HAT SCHON MAL POLARLICHTER GESEHEN
STAND SCHON MAL AM KRATERRAND EINES VULKANS
WAR SCHON MAL IN HYPNOSE
FÄHRT AKTUELL MOTORRAD
HAT EIN TIER (AUSSER HUND & KATZE)
WAR MAL AUF EINER SCHAUMPARTY
HAT SCHON MAL EINEM SUPERSTAR DIE HAND GESCHÜTTELT
HAT EINEN TANZKURS GEMACHT
HAT SCHON MAL WILD GECAMPT
KANN ALLE EUROPÄISCHEN HAUPTSTÄDTE AUSWENDIG

# Teambingo



»Bingo« ist nicht nur in den USA ein beliebtes Spiel. Hier kommt eine spaßige Variante, bei der man gleichzeitig etwas über seine Kollegen oder die anderen TN erfährt.

## Wann einsetzen?

Nach dem Mittagessen, als Aufwärmübung für Teams, wenn wenig Energie im Raum ist.

## So geht's

Im Vorfeld entwirfst du einen Bogen, der dem in der Abbildung links ähnelt. Die Aussagen sollten so gewählt sein, dass sie zur Gruppe passen. Man kann sie auch auf das vergangene Projekt beziehen, auf Einstellungen und Haltungen oder auf bestimmte Inhalte begrenzen (»Hat diese Sportarten schon aktiv ausgeübt« oder »Kann mit diesen Tools umgehen«).

Im Workshop erhält jede TN einen Ausdruck des Bogens. Die Erläuterung: »Du gehst durch den Raum und unterhältst dich mit den anderen. Dabei fragst du, welche Aussagen auf dein Gegenüber zutreffen. Falls es eine oder mehrere zutreffende Aussagen gibt, machst du ein Kreuz an die Stelle. Wenn du eine Reihe mit Kreuzen hast, vertikal, horizontal oder schräg, rufst du laut: ›Bingo!‹ Die Erste, die Bingo ruft, hat gewonnen.« Das dauert bei einer zwölfköpfigen Gruppe in der Regel weniger als 10 Minuten.

## So geht's weiter

Die Siegerin kann einen kleinen Preis erhalten. Als Moderatorin kann man nochmal (nicht ganz ernst) den Siegerbogen »kontrollieren« und zum Beispiel fragen: »Wer hier im Raum hat eine Schlange gehalten?« Im Anschluss ist wieder genug Energie im Raum, um frisch weiterzumachen.

○ auch im Meeting ○ auch Remote ○ für Fortgeschrittene

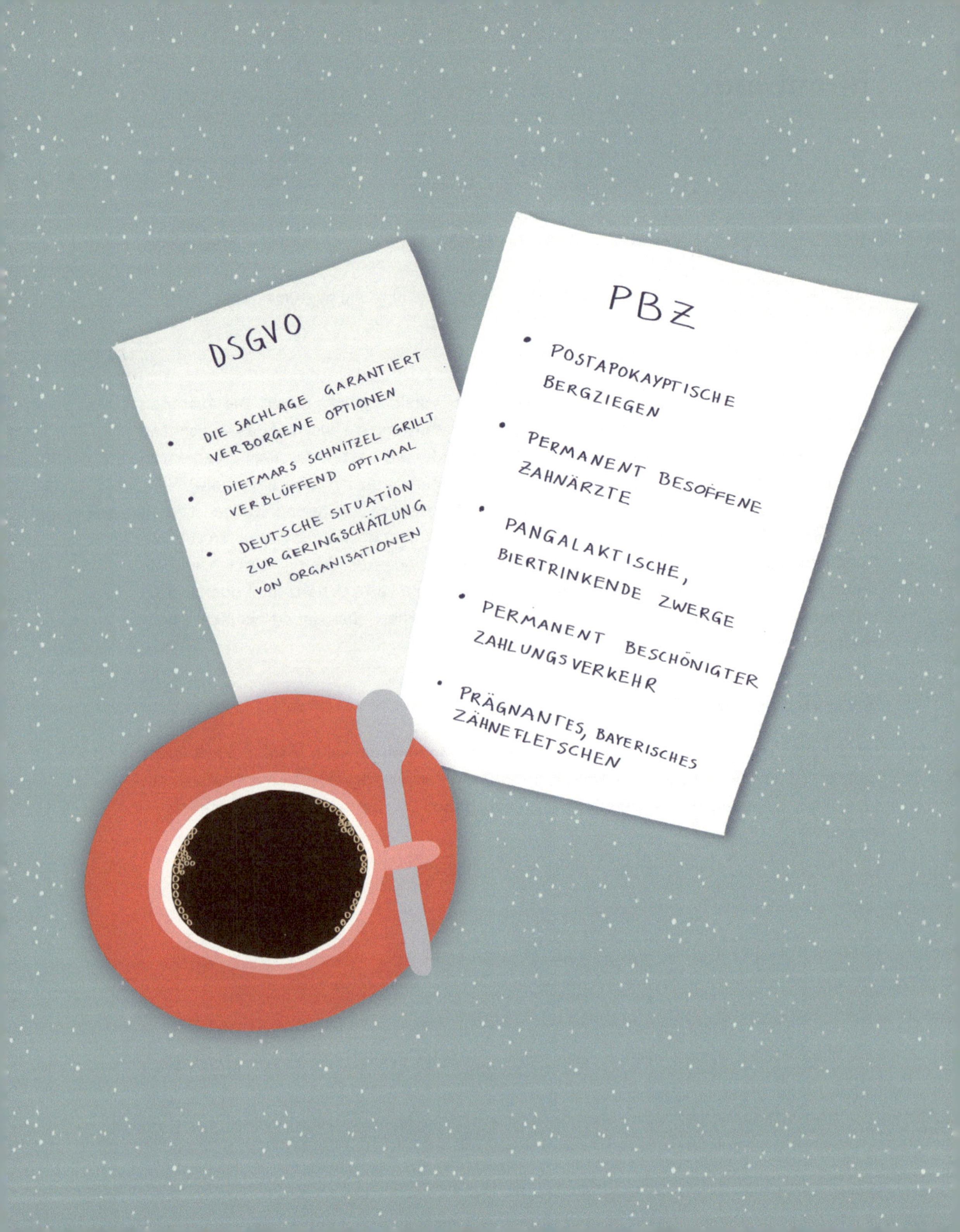
DSGVO
DIE SACHLAGE GARANTIERT VERBORGENE OPTIONEN
DIETMARS SCHNITZEL GRILLT VERBLÜFFEND OPTIMAL
DEUTSCHE SITUATION ZUR GERINGSCHÄTZUNG VON ORGANISATIONEN
PBZ
POSTAPOKAYPTISCHE BERGZIEGEN
PERMANENT BESOFFENE ZAHNÄRZTE
PANGALAKTISCHE, BIERTRINKENDE ZWERGE
PERMANENT BESCHÖNIGTER ZAHLUNGSVERKEHR
PRÄGNANTES, BAYERISCHES ZÄHNEFLETSCHEN

# Akronymos



Gerade in der Sprache von Konzernen trifft man häufig auf Akronyme (= Abkürzungen). Nicht wenige davon sind sogar Unternehmensnamen (VW, ARAG, BMW, R&V …). Manchmal geht das so weit, dass die ursprüngliche Wortbedeutung gar nicht (mehr) bekannt ist. Das merkt man zum Beispiel, wenn die Abkürzung mit einem falschen Artikel verwendet wird.

## Wann einsetzen?

Zur Auflockerung, zum Wiedereinstieg nach dem Mittagessen, um eine Stimmung zu schaffen, in der der Einzelne sich und das Unternehmen nicht allzu ernst nimmt, zur Einstimmung auf kreative Aufgaben. Mit dieser Methode bekommen die TN den Hinweis, dass es im Workshop nicht um möglichst viel Seriosität geht.

## So geht's

Natürlich kann man auch Standardabkürzungen wie ASAP, FYI oder BTW für das Spiel verwenden. Allerdings macht es mit internen Abkürzungen mehr Spaß. Begib dich im Vorfeld auf die Suche nach zwei bis drei Abkürzungen aus dem Arbeitsalltag oder dem Unternehmen deiner TN. Frag gegebenenfalls bei deinem Ansprechpartner nach. Bei Finanzdienstleistern oder Behörden wird man sehr schnell fündig. Im Workshop haben die TN dann 5 Minuten Zeit, möglichst viele ausgeschriebene Versionen für eine dieser Abkürzungen zu finden. Diese schreiben sie auf ein Blatt. Im Anschluss liest jeder seine zwei bis drei Favoriten vor. Die lustigste oder absurdeste Variante gewinnt. Der Gewinner wird durch eine informelle Abstimmung festgelegt. »Wem gefällt Variante X am besten? Hand hoch!« und erhält (zum Beispiel) eine Tüte Gummibärchen als Preis.

## So geht's weiter

Jetzt sind alle gut vorbereitet zum Beispiel auf eine Ideation Session, → siehe Methoden ab S. 188, »Methoden für Ideation und Innovation«.

● auch im Meeting ● auch Remote ○ für Fortgeschrittene

# Äpfel und Köpfe





## Wann einsetzen?

Das ist eine schnelle, kompetitive Aufwärmübung, um die Gruppe auf die Ideenfindung vorzubereiten und mit Energie aufzuladen. Das Spiel heißt »Äpfel und Köpfe«[20], weil diese beiden Begriffe sehr viele Kombinationsmöglichkeiten bieten, aber du kannst natürlich auch andere Begriffe wählen. Die Methode eignet sich auch gut für einen Energieschub nach der Mittagspause.

## So geht's

Du teilst die TN in Gruppen von circa je sechs Personen auf. Du hast die Begriffe (Apfel, Kopf oder Ähnliches) auf Karten geschrieben und je eine Vertreterin der Gruppen zieht eine Karte. Sie wird noch nicht umgedreht. Die Gruppen ziehen sich hinter Stellwände (oder an die Wand) zurück und haben auf »los!« 12 Minuten lang Zeit, möglichst viele zusammengesetzte Begriffe zu finden: Apfelsaft, Apfelbaum, Zankapfel, Adamsapfel ... Dabei ist Flexion (Flaschenkopf) erlaubt, Adjektive oder Verben sind verboten. Die Gruppe ruft sich die Begriffe zu. Eine oder zwei Personen aus der Gruppe schreiben sie auf und heften Post-its mit den Begriffen an die Wand, am besten gleich in Fünfer- oder Zehnerreihen, dann fällt das Zählen im Anschluss leichter. Gewonnen hat die Gruppe mit den meisten Begriffen.

- **Variante I:** Zusammengesetzte Wortreihen: Die Vorgabe lautet jetzt, zusammengesetzte Hauptwörter, bei denen das letzte Wort der vorangegangenen Kombination das erste der folgenden ist. Kein Wort darf dabei doppelt vorkommen. Zum Beispiel: Kopfstand, Standpunkt, Punktlandung, Landungsbrücke, Brückenkopf. Brückenkopf ist untersagt, denn das Wort »Kopf« war schon dran.
- **Variante II:** Die Begriffe können gezeichnet werden, wenn danach eine visuelle Übung folgt, zum Beispiel »Design Studio« (→ siehe S. 197).
- Weitere einfache Begriffe: Mauer, Wagen, Haus, Arbeit, Zimmer, Tür

## So geht's weiter

Die TN sind jetzt bereit für eine Ideation Session, → siehe Methoden ab S. 188, »Methoden für Ideation und Innovation«.

20 Methode basierend auf: »funny apple«, https://www.innohuman.de/kreativit%C3%A4tstechniken/warm-ups/funny-apple/

JULIA
PFEFFER
SALZ
JANE
TARZAN

# Ernie und Bert

## Wann einsetzen?

Mit diesem kurzen Spiel bringt man die TN ein wenig in Richtung »Kommunizieren und Analysieren«. Es ist jedoch eher eine Lockerungsübung. Die Gruppen, die am Ende entstehen, können für die nächste Aufgabe zusammenbleiben. Ich empfehle eine Mindestanzahl von zwölf TN.

## So geht's

Du bereitest bekannte »Paare« vor und schreibst je einen Namen auf ein großes, gut haftendes Post-it. Dabei solltest du darauf achten, dass die Namen in der Gruppe auch wirklich bekannt sind. Das Alter der Gruppe ist dabei der beste Hinweis.

Beispiele: Dick und Doof, Ernie und Bert, Kaffee und Zigaretten, Barack und Michelle, Marie und Pierre, Frodo und Sam, Rose und Jack, Old Shatterhand und Winnetou, Hänsel und Gretel, Mario und Luigi, Charles und Camilla, Romeo und Julia, Barbie und Ken. Alles ist möglich.

Bei einer ungeraden Anzahl TN benötigst du eine zusätzliche Dreiergruppe. Tick, Trick und Track, Aramis, Athos und Porthos, Kaspar, Melchior und Balthasar, Earth, Wind und Fire, Placido, José und Luciano, Bart, Lisa und Maggie, These, Antithese und Synthese, Tomate, Mozzarella und Basilikum.

Jede TN bekommt, ohne dass sie den Inhalt sieht, ein Post-it auf den Rücken geklebt. Jetzt gehen die TN im Raum herum und befragen sich gegenseitig, wer sie sein könnten. Dabei sind nur Fragen erlaubt, die mit »Ja« oder »Nein« beantwortet werden können. Fällt ein »Nein«, so muss man zur nächsten TN weiterziehen. Am Ende kommen die Paare beziehungsweise Gruppen zusammen. Wenn alle TN bei ihren Partnerinnen stehen, ist das Spiel beendet.

## So geht's weiter

Danach kann in den so entstandenen Gruppen weitergearbeitet werden.

**Tipp:** Auf empfindlicher Kleidung sollte man keine Post-its kleben. Hier empfiehlt sich ein Stück Karton und eine Schnur oder Ähnliches.

● auch im Meeting ○ auch Remote ○ für Fortgeschrittene

AWARENESS
Methoden

»There is a crack in everything.
That's how the light gets in.«
– *Leonard Cohen*

Awareness-Methoden haben die Gemeinsamkeit, dass sie zwar als Lerneinheit auch eigenständig funktionieren, aber erst richtig sinnvoll in Kombination mit anderen Methoden werden. Sie lenken das Denken in eine gewünschte Richtung und vermitteln Wissen oft auf emotionale Weise – also so, dass man das Gelernte direkt erleben und erfühlen kann.

THE 5 WHY
WARUM?
WARUM?
WARUM?
WARUM?
WARUM?

# Five Why



Bei den »Five Why« handelt es sich um eine Methode aus dem Bereich des Qualitätsmanagements.[21]

## Wann einsetzen?

Diese einfache Fragetechnik leistet Unterstützung, wenn zu den tieferliegenden Ursachen eines Problems vorgedrungen werden soll. Innerhalb von Problemlösungsprozessen oder Ideation Sessions.

## So geht's

Man geht hier quasi wie ein Kind vor, das nach jeder Antwort abermals nach dem »Warum?« fragt. So kann es gelingen, zu den (echten oder mutmaßlichen) Ursachen eines Problems vordringen. Man kann dieses Gedankenspiel einzeln oder in der Gruppe durchführen lassen. In der Gruppe führt es zu vielschichtigeren Resultaten. Ein einfaches Beispiel:

»Ich habe eine rote Ampel überfahren.«
**Warum?** → »Ich war spät dran.«
**Warum?** → »Ich bin zu spät aufgewacht.«
**Warum?** → »Mein Wecker hat nicht geklingelt.«
**Warum?** → »Die Batterie war leer.«
**Warum?** → »Ich habe vergessen, sie auszutauschen.«

## So geht's weiter

Die Erkenntnisse werden für die Lösung der vorhandenen Probleme verwendet.

**Tipp:** Du kannst als Gedankenstütze ein Plakat dazu gestalten und aufhängen (→ siehe Abbildung links).

21 Erfunden wurde die Methode von Sakichi Toyoda, dem Gründer von Toyota.

● auch im Meeting ● auch Remote ○ für Fortgeschrittene

JINGLE BELLS,
JINGLE BELLS…
KLAPP, ?
KLAPP, KLAPP,
KLIPP-KLIPP,
? KLAPP ?

# Hoffnungsloses Song-Raten





Diese Übung steigert das Bewusstsein, dass Kommunikation nicht eindeutig ist. Sie vermittelt, dass das, was wir meinen, wenn wir etwas kommunizieren, noch lange nicht das ist, was beim Zuhörer ankommt.[22]

## Wann einsetzen?

In Situationen, in denen immer wieder Konflikte durch Kommunikation entstehen oder bereits entstanden sind.

## So geht's

Die TN werden gebeten, an einen Song zu denken, den jeder kennt. Das können bekannte Popsongs sein, Kinderlieder, Seefahrerlieder oder Ähnliches. Wichtig ist, dass die Vermutung naheliegt, dass die anderen TN den Song wirklich kennen. Hier sollte auf etwaige Kulturunterschiede geachtet werden. Ein Song darf nicht mitspielen: *We will rock you* von Queen. Du wirst gleich sehen, warum.

Jetzt werden Zweiergruppen gebildet. Die Zweiergruppen suchen sich eine Ecke – möglichst mit etwas Abstand zur nächsten Zweiergruppe. Einer der beiden beginnt damit, seinen Song vorzutragen. Allerdings darf er dazu nur in die Hände klatschen. Sprechen, Summen oder Säuseln sind verboten! Der andere muss raten, um welchen Song es sich handelt.

Hinweis: Kaum ein Song wird erraten. Derjenige, der klatscht, kann es kaum glauben, dass man den Song nicht erkennt, denn er »hört« ihn ja, während er klatscht, doch derjenige der rät, versteht nur Klatschen.

## So geht's weiter

Man kann den TN im Anschluss folgende Fragen stellen: »Wo begegnet euch häufig die Anforderung, zwischen den Zeilen zu lesen? Wie gut gelingt das im Allgemeinen? Wie lässt sich das auf die (Projekt-)Kommunikation übertragen? Welche Erfahrungen hast du bereits gesammelt?« Danach kann eine Übung angeschlossen werden, die Kommunikation präzisiert, zum Beispiel »Zuhören und Paraphrasieren« (→ siehe S. 171).

**Tipp:** Man kann auch Freiwillige suchen, die vor der gesamten Gruppe klatschen. Am besten ist es jedoch, wenn jeder einmal klatscht und einmal zuhört, damit beide Perspektiven erfahren werden.

---

22 Methode basierend auf Elizabeth Newtons Test zum kognitiven Bias, der besagt, dass stark überschätzt wird, wie viel des eigenen mentalen Status dem jeweiligen Gegenüber bekannt ist. Siehe Elizabeth Newton: *The rocky road from actions to intentions*, Stanford 1990

# Summer Meadows





Mit dieser Methode wird fühlbar gemacht, wie wichtig es ist, eine holistische Vision oder ein inneres Bild des Ganzen vor Augen zu haben, anstatt nur bruchstückhafte Aufgaben, um gute Arbeit leisten zu können.[23]

## Wann einsetzen?

Vorbereitung von Visionsworkshops. Wenn der Sinn von Visionen angezweifelt wird. Wenn in Briefings zu viele Details erläutert werden, aber kein Wert auf das große Ganze gelegt wird. Führungskräfteschulungen.

## So geht's

Du brauchst für diese Übung mindestens zwei Gruppen. Jede Gruppe erhält ein leeres Flipchart-Plakat, bunte Stifte oder Kreiden und ein Briefing auf Papier. Was die Gruppen nicht wissen: Es gibt zwei unterschiedliche Briefings. Das Briefing für die eine Gruppe lautet: *Malt folgende Situation: Eine wunderschöne Sommerwiese mit ein paar roten und blauen Blumen und mit einer Kuh. Die Sonne scheint und die Vögel zwitschern.*

Das Briefing für die andere Gruppe lautet: *Malt eine Wiese im Sommer mit zehn blauen Blumen mit je fünf Blättern, sechs blauen Blumen mit je sechs Blättern, acht rote Blumen mit je fünf Blättern, zwei Kühe mit je zwei schwarzen Flecken, eine Kuh mit vier schwarzen Flecken, drei Vögel links oben, zwei Vögel rechts unten und eine Sonne mit zehn Sonnenstrahlen.*

Die Teams haben nur eine Minute Zeit, um das Bild zu erstellen. Im Anschluss werden die beiden Bilder betrachtet und die Briefings enthüllt. In der Regel ähnelt das erste Bild viel eher einer Wiesensituation, das zweite Bild eher einer visuellen Aufzählung. Die Moderatorin weist auf diesen Umstand hin. Die TN werden gefragt, auf was sie sich während der Erstellung des Bildes konzentriert haben, und was die Folgen unterschiedlicher Briefings sein können. Wenn es im Anschluss um Visionierung geht, wird gefragt, wie eine Vision sein muss, damit sie ihre Wirkung entfalten kann.

## So geht's weiter

Jetzt kann weitergemacht beziehungsweise in die Visionierung eingestiegen werden, zum Beispiel mit der Visionsfrage ⇝ siehe S. 68 und Seite 69.

---

23 David Barnholdt: »An exercise based on my PSL experience«, https://blog.crisp.se/2009/02/18/davidbarnholdt/1234986060000

○ auch im Meeting ○ auch Remote ○ für Fortgeschrittene

PRO GRUPPE:
20 SPAGHETTI
1 M SCHNUR
1 M TAPE
1 MARSHMALLOW

# Spaghettiturm





Beim »Spaghettiturm« oder der »Marshmallow Challenge« wird spielerisch und schnell eine Lösung für ein Problem entwickelt.[24] Dabei ist gute Zusammenarbeit im Team wichtig, und es wird aufgezeigt, dass schnelles Ausprobieren und Verwerfen bei manchen Aufgaben zu besseren Ergebnissen führen kann als eine ausführliche Planung.

## Wann einsetzen?

In Innovations- oder Design-Thinking-Workshops. Als kompetitiver Gehirn-Cleaner nach der Mittagspause in Problemlösungsworkshops.

## So geht's

Die TN werden in Gruppen eingeteilt. In jeder Gruppe sollten mindestens drei bis maximal sechs TN sein. Jede Gruppe erhält einen Bausatz:

- 20 Spaghetti (ungekocht),
- 1 Meter Malerkrepp (oder Kreppklebeband),
- 1 Meter Schnur und
- ein Marshmallow (notfalls eine Kugel Knete).

Die Gruppen haben jetzt genau 18 Minuten lang Zeit, einen möglichst hohen, selbstständig stehenden Turm zu bauen, der nirgendwo fixiert werden darf und an dessen höchster Stelle der Marshmallow sitzt. Nach Ablauf der Zeit wird die Höhe vom Fuß des Turms bis zum Marshmallow gemessen. Eine Unterstützung (zum Beispiel mit den Händen) ist erlaubt. Die Schnur zur Abspannung zu verwenden (wie bei Zelten), ist im Original zwar nicht erlaubt, ich würde das jedoch immer durchgehen lassen, denn die Ergebnisse sind viel motivierender.

## So geht's weiter

Frage deine TN, warum sie erfolgreich beziehungsweise erfolglos waren. Im Anschluss kannst du Folgendes erzählen: »Die Marshmallow-Challenge wurde weltweit schon sehr häufig in genau dieser Form durchgeführt und online kursiert dazu eine Erhebung: Am besten schneiden Architekten ab, danach Sechsjährige. Weit abgeschlagen: BWL-Studenten. Das liegt daran, dass Architekten Fachwissen über Konstruktion besitzen und Kinder einfach drauflos experimentieren. Während BWL-Studenten also noch Rollen klären und Pläne schmieden, haben die Kids schon mehrere Varianten ausprobiert und die beste vollendet.«

---

24 »Marshmallow Challenge«, https://www.marshmallowchallenge.com

○ auch im Meeting ○ auch Remote ○ für Fortgeschrittene

WER?
SITUATION
ELOISE, 32
LEHRERIN AUS BONN
PAINPOINTS
WAS STÖRT MICH?
NEEDS
WAS BRAUCHE ICH?

# Fiktive Personas



Viele Menschen sind stark in den Denkstrukturen ihrer täglichen Arbeit oder ihres Fachgebiets gefangen. Es fällt ihnen schwer, sich in andere Menschen oder Situationen hineinzuversetzen. Mit den fiktiven Personas gibt man den TN Gelegenheit für diesen Akt der Empathie.

## Wann einsetzen?

Wenn der Eindruck besteht, dass die TN nur in Business- oder Prozesskriterien denken, nicht jedoch aus der Perspektive der Zielgruppen.

## So geht's

Eine Persona[25] ist eine konstruierte, idealtypische Vertreterin einer Gruppe Menschen mit ähnlichen Bedürfnissen. Du bereitest, je nach Einsatzzweck, eine oder mehrere Persona-Steckbriefe auf Plakaten vor. Achte darauf, dass sie sich in ihren Bedürfnissen unterschieden, weniger in ihren soziodemografischen Merkmalen. Zum Beispiel Bahnkundinnen mit Kindern versus Bahnkundinnen, die während der Fahrt arbeiten wollen, Kundinnen, die sich für Produkt X interessieren, Mitarbeiterinnen, die auf dem Absprung sind. Eine Fotografie und eine sehr konkrete, emotional beschriebene Lebenssituation helfen den TN, sich gut in die Persona hineinzuversetzen.

Im Workshop werden die TN in Gruppen aufgeteilt und jeder Gruppe wird eine Persona zugeordnet. Jetzt forderst du die TN auf, sich über die Störfaktoren (Painpoints) und Bedürfnisse (Needs) der jeweiligen Persona mit dem Thema Gedanken zu machen, diese einzeln auf Post-its zu schreiben und anzuheften. Im Anschluss kannst du die Gruppen rotieren lassen. So können weitere Painpoints und Needs gefunden werden, und jede hat die Gelegenheit, sich mit mehreren Personas auseinanderzusetzen.

## So geht's weiter

Jetzt können gewünschte Situationen (Customer-Journey, Reaktion auf Kampagne ...) aus der Sicht der erstellten Persona betrachtet werden.

**Tipp:** Bastle für diese Betrachtung »Personas am Stiel«. Dazu klebst du das Bild der Persona auf eine Papp- oder Holzscheibe und befestigst diese an einem Stiel. Die TN sprechen in der Ich-Form aus der Perspektive der Persona über die Artefakte und halten sich dabei das Konstrukt wie einen Handspiegel vors Gesicht. Das verhindert das Abweichen von der Fremdsicht, denn im Empathiemodus weigert sich das Gehirn, Sätze wie zum Beispiel »Ich möchte reibungslos durch den Sales-Funnel geleitet werden« auszusprechen.

---

25 Personas sind ein Tool aus der User Experience. Normalerweise werden sie auf Basis von Insights und Daten konstruiert. Siehe Alan Cooper: *The Inmates are Running the Asylum,* Indianapolis 1999

○ auch im Meeting ● auch Remote ○ für Fortgeschrittene

# Prozess-Quickie

# Prozess-Quickie





## Wann einsetzen?

Der »Prozess-Quickie« ist eine schnelle, kompetitive Einstimmung für Workshops, bei denen es um die Optimierung von Arbeitsprozessen oder die Konzeption digitaler Prozesse geht. Auch toll zum Aufwachen nach dem Mittagessen.

## So geht's

Du hast zu Hause mehrere Sets an Karten vorbereitet (ein Set pro drei bis vier TN), auf denen Teilschritte von Alltagsprozessen stehen. Wichtig ist, dass jede einzelne Karte einen kleinen Hinweis in sich trägt, zu welchem Prozess sie gehört. Wenn du das Spiel schwieriger gestalten willst, baue Ausnahmen zu dieser Regel ein. Wenn du ein wenig Verwirrung stiften willst, schreibe in unterschiedlichen Farben auf die Karten, ordne jedoch nicht die Farben den Prozessen zu.

Im Workshop übergibst du jeder Gruppe ein Kartenset. Noch dürfen die TN die Karten nicht ansehen. Du erklärst: »In jedem Päckchen befinden sich Karten, auf denen Teilschritte von Alltagsprozessen notiert sind.« (Optional kannst du erwähnen, dass es sich um fünf Prozesse aus unterschiedlich vielen Bausteinen handelt.) »Bitte ordnet die Prozesse in der richtigen Reihenfolge an. Die Gruppe, die als Erstes fertig ist, ruft , ›Fertig!‹ und hat gewonnen.« Optional kannst du einen kleinen Preis ausrufen, zum Beispiel eine Tüte Gummibären.

Es geht hitzig zu, und alle kommen geistig ein bisschen ins Schwitzen.

## So geht's weiter

Danach sind die TN nicht mehr im Verdauungskoma und die Arbeit an echten Prozessen kann fortgesetzt oder begonnen werden.

**Tipp:** Übergib die Karten in Boxen oder Papiertüten, damit keiner spickt. Es sieht gut aus, wenn du mit bunten Acrylstiften auf schwarzem Karton schreibst.

○ auch im Meeting ● auch Remote ○ für Fortgeschrittene

# Copy-and-paste[26]





## Wann einsetzen?

Wenn ein allgemeines Verständnis dafür geschaffen werden soll, dass Kommunikation nicht eindeutig ist und dass das Gegenüber immer etwas anderes versteht, als der Kommunikator beabsichtigt hat.

## So geht's

Der Moderator hat eine einfache Zeichnung vorbereitet, zum Beispiel ein Haus, ein Zaun, ein Baum, ein Auto, ein Pferd. Die TN sehen das Bild nicht.

Ein TN bekommt jetzt den Auftrag, das Bild möglichst genau zu beschreiben. Dabei ist alles erlaubt, was der Beschreiber als sinnvoll erachtet. Alle anderen zeichnen das Bild auf Basis dieser Beschreibung nach. Ein Ziel wird gesteckt: Die gezeichneten Bilder sollen möglichst exakt mit dem Original übereinstimmen. Die TN, die zeichnen, dürfen sich nicht unterhalten und keine Fragen stellen. Nach etwa 5 bis 10 Minuten sollten alle fertig sein. Jetzt erfolgt das Debriefing. Zunächst zeigt der Beschreiber das Bild und wird gefragt, was gut geklappt hat und wo er schon während der Beschreibung gemerkt hat, dass es Verständnisschwierigkeiten geben könnte. Danach hängen die restlichen TN ihre Bilder auf und beantworten Fragen wie: *Was war hilfreich? Was hätte man besser machen können?*

## So geht's weiter

Die TN werden gefragt, wie sich das auf die (Projekt-)Kommunikation übertragen lässt und welche ähnlichen Erfahrungen mit uneindeutiger Kommunikation sie bereits im Alltag gesammelt haben. Danach kann eine Übung angeschlossen werden, die besseres Verständnis erleichtert, zum Beispiel → siehe S. 171, »Zuhören und Paraphrasieren«.

26 Methode basierend auf: »Übung Kommunikation: ›die menschliche Kopiermaschine‹«, https://memogic.com/methoden/kommunikation-kopiermaschine/

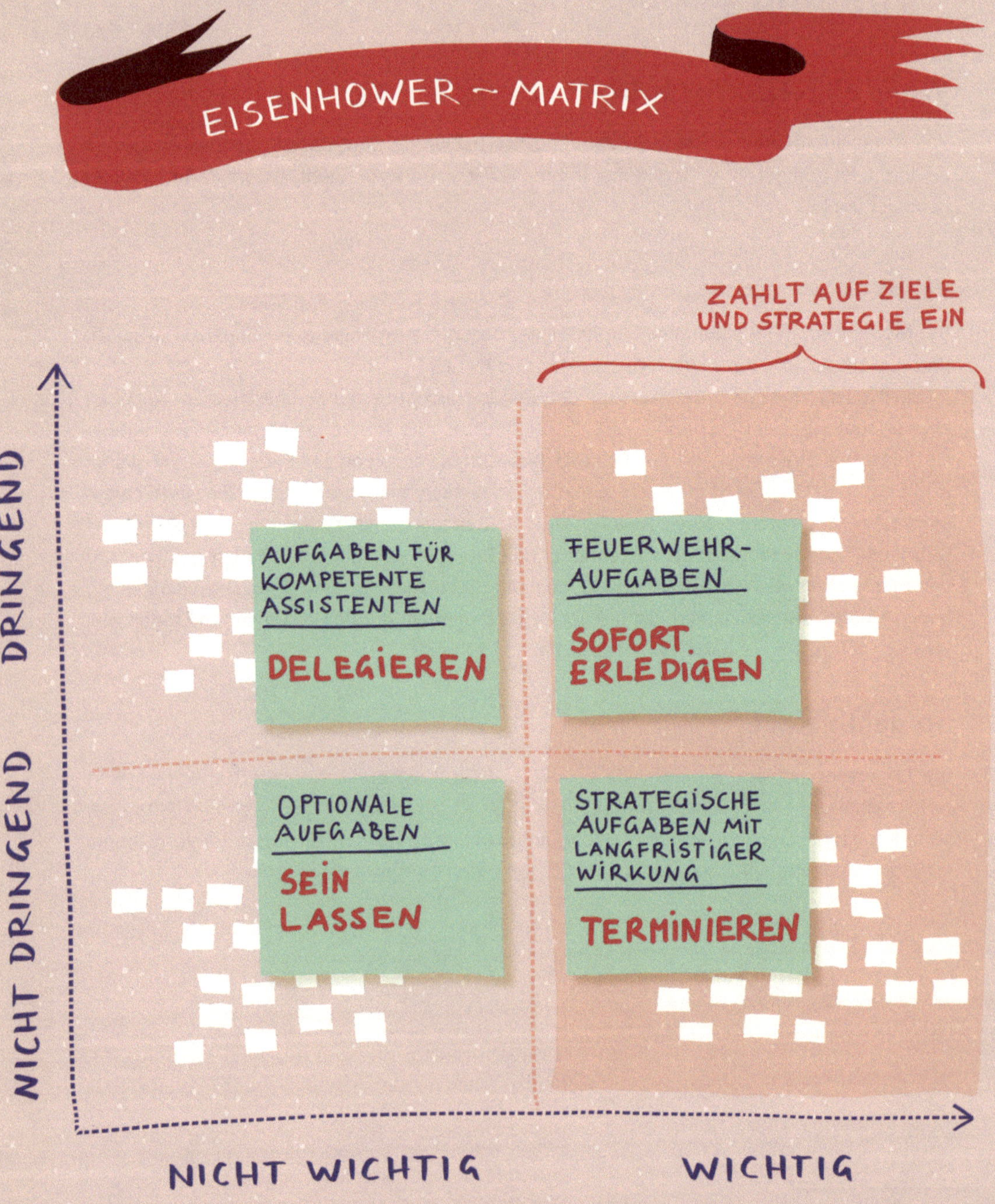
EISENHOWER ~ MATRIX
ZAHLT AUF ZIELE UND STRATEGIE EIN
DRINGEND
NICHT DRINGEND
AUFGABEN FÜR KOMPETENTE ASSISTENTEN
DELEGIEREN
FEUERWEHR-AUFGABEN
SOFORT ERLEDIGEN
OPTIONALE AUFGABEN
SEIN LASSEN
STRATEGISCHE AUFGABEN MIT LANGFRISTIGER WIRKUNG
TERMINIEREN
NICHT WICHTIG
WICHTIG

# Eisenhower-Matrix





Diese sehr bekannte Methode ist nach Dwight D. Eisenhower, dem 34. Präsidenten der USA, benannt. Von ihm stammt folgendes Zitat: »I have two kinds of problems, the urgent and the important. The urgent are not important, and the important are never urgent.«

## Wann einsetzen?

Wenn du TN hast, die über eine hohe Arbeitsbelastung sprechen, kann es ein erster Schritt sein, mit diesem einfachen Tool, herauszufinden, welche Aufgaben wirklich wichtig sind und welche erstmal liegen bleiben dürfen.

## So geht's

Im ersten Schritt stellst du folgende Anforderung an die TN: »Lass vor deinem inneren Auge die letzten beiden Arbeitswochen Revue passieren. Ich möchte wissen: An welchen Aufgaben habt ihr gearbeitet? Das können sehr kleine Aufgaben sein, wie zum Beispiel Nachfragen per E-Mail an die Buchhaltung, bis hin zu großen Aufgaben, zum Beispiel die Erarbeitung eines Konzepts. Schreibt jede Aufgabe einzeln auf ein Post-it.«

Du hast ein Plakat vorbereitet (→ siehe Abbildung links). Wenn die TN fertig sind, zeigst du ihnen das Plakat mit der Matrix, aber noch ohne die Beschriftung der Quadranten (in der Abbildung in grün). Du erläuterst kurz (nur!) die Achsen, insbesondere, dass es sich bei der rechten Seite um strategische Aufgaben handelt, die auf die Ziele des Unternehmens oder der Abteilung einzahlen. Jetzt sollen die TN ihre Post-its in die Quadranten einsortieren. Im Anschluss klebst du die Beschreibungen (grün) in die Quadranten und erläuterst, dass wichtige strategische Aufgaben häufig liegen bleiben, weil Feuerwehraufgaben (oben rechts) oder weniger relevante Aufgaben (links) die gesamte Zeit einnehmen. Und dass für wichtige strategische Aufgaben Zeit-Slots eingeplant werden müssen, damit sie nicht überlagert werden.

**Tipp:** Die Matrix muss bei großer TN-Zahl größer als ein Plakat ausfallen, hier kannst du mit Tape an der Wand arbeiten. Wenn fast alle Aufgaben im Dringend/Wichtig-Quadranten hängen, kannst du diesen abermals in vier Quadranten einteilen.

## So geht's weiter

Besprich die Folgen. Ist eine Stelle im Unternehmen vorhanden, die dringende, aber unwichtige Aufgaben übernehmen kann? Welche Auswirkung wird es haben, wenn (beispielsweise) ein ganzer Tag für strategische Aufgaben belegt ist? Was passiert, wenn diese Aufgaben nie erledigt werden?

● auch im Meeting ● auch Remote ○ für Fortgeschrittene

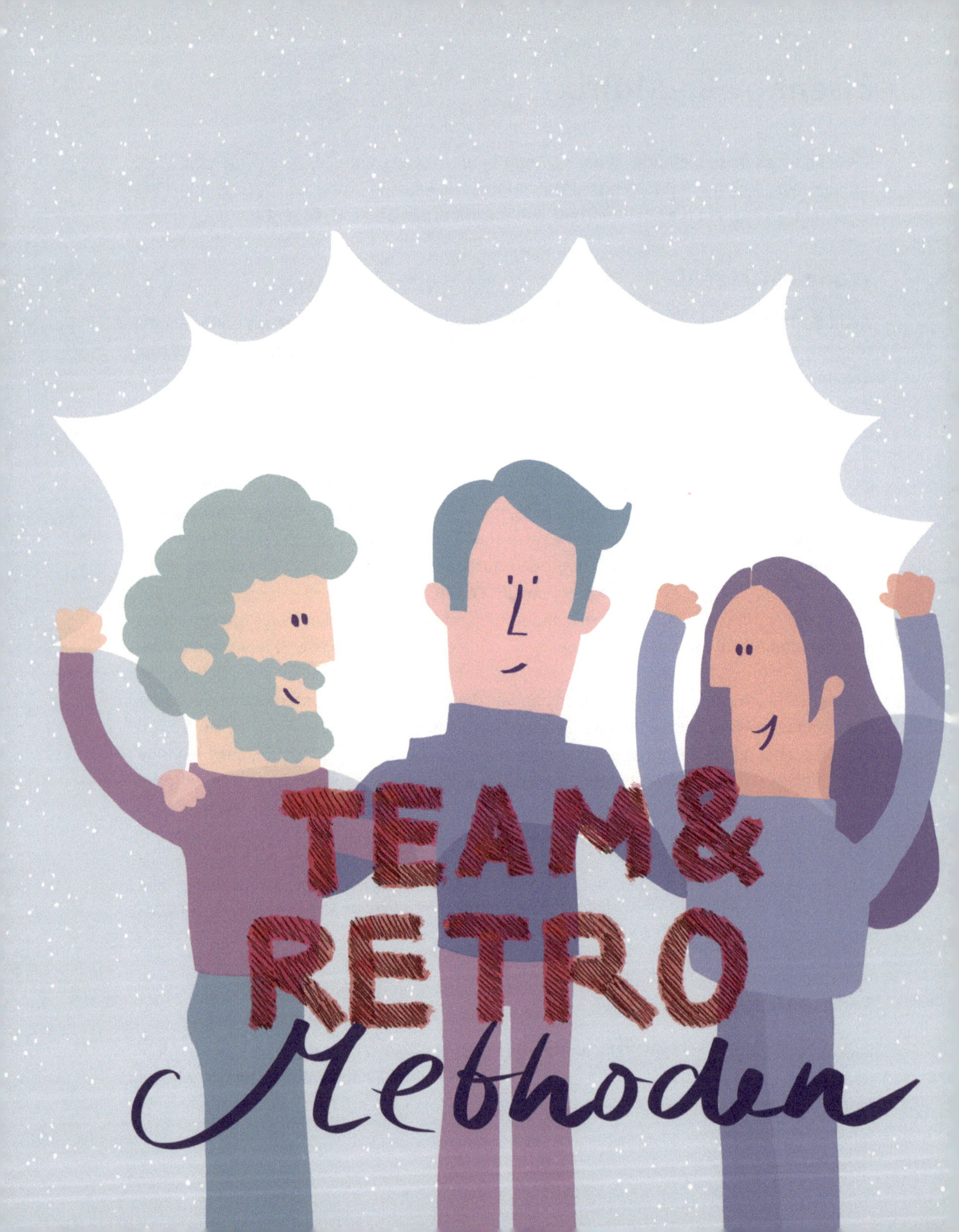
TEAM&
RETRO
Methoden

»You cannot be a good mountaineer,
however great your ability,
unless you are cheerful and
have the spirit of comradeship.
Friends are as important as achievement.
Teamwork is the one key
to success, and selfishness
only makes a man small.
No man, on a mountain
or elsewhere,
gets more out of anything
than he puts into it.
Be great, make others great.«

*– Tenzing Norgay,*
*Erstbesteiger des Mount Everest*

Diese Methoden gehen vor allem auf das Zwischenmenschliche ein. Dahinter stecken Fragen, wie zum Beispiel »Wie verbessern wir unsere Zusammenarbeit?« und »Wie lernen wir uns selbst besser kennen?«

Team-Feedback
WAS WAR GUT ?
WAS KÖNNEN WIR DAS NÄCHSTE MAL BESSER MACHEN ?

# Team-Feedback





Teams arbeiten deutlich effektiver, wenn sie regelmäßig ihre Zusammenarbeit reflektieren.[27] Eine sehr einfache und dennoch wirkungsvolle Methode ist das Team-Feedback. Sie kann überall schnell durchgeführt werden, wo es eine Wand und Post-its gibt.

## Wann einsetzen?

In Retrospektiven oder wenn es im Allgemeinen darum geht, eine vergangene (Projekt-)Phase zu reflektieren.

## So geht's

Du klebst zwei Aussagen an die Wand. Die erste lautet: *Was war gut?* Die zweite: *Was können wir das nächste Mal besser machen?* Optional kann eine dritte Dimension hinzugefügt werden, die auf neue Handlungsweisen abzielt. Die Frage würde hier lauten: *Was sollen wir ab jetzt anders machen?* Die Dreierkonstellation ist auch unter der Bezeichnung »Start-Stop-Keep«-Methode (manchmal *Continue* statt *Keep*) bekannt.

Die TN denken etwa acht Minuten lang, jede für sich, über diese Fragen nach und schreiben ihre Antworten einzeln auf Post-its. Im Anschluss werden die Post-its unter Kommentaren der Schreiberinnen angeheftet.

Nun animierst du zu einer kurzen Clusterung. In diesem Fall eine schlichte Gruppierung ähnlicher Aussagen und die Entfernung von Dopplungen. Danach bewerten die TN mit Punkten (circa fünf Punkte pro TN sind empfehlenswert), welche Aussagen sie am wichtigsten finden. Eine Diskussion im Anschluss hilft, die Themen besser einzuordnen und in bearbeitbare Pakete zu packen.

**Tipp:** Ein zusätzlicher, roter (oder einfach andersfarbiger) Klebepunkt pro TN zeigt im Anschluss die Aussagen, die den TN am meisten am Herzen liegen.

## So geht's weiter

Die Kernaussagen sollten auf keinen Fall so stehen bleiben, sondern weiterbearbeitet werden. Sonst besteht die Gefahr, dass das Team darin leeren Aktionismus sieht, womit es Recht hätte. Eine weiterführende Methode ist zum Beispiel »Talk the Talk and Walk the Walk« (→ siehe S. 185).

27 Scott I. Tannenbaum und Christopher P. Cerasoli (2012): »Do Team and Individual Debriefs Enhance Performance? A Meta-Analysis« in: *Human Factors*, 55(1), S. 231–245

● auch im Meeting ● auch Remote ○ für Fortgeschrittene

IN DEN
HAUPTROLLEN:
+ MENSCH
+ SACHE
+ IDEE
+ ...
FETTER TITEL
SUBLINE, ERLÄUTERUNG ODER
RELATIVIERUNG, VIELLEICHT AUCH
EIN HIGHLIGHT

# Hollywood





Bei der Methode »Hollywood« wird die Darstellung einer Situation überhöht und übertrieben und gewinnt dadurch an Deutlichkeit.

## Wann einsetzen?

In Retrospektiven und wenn es darum geht, eine (bestehende, vergangene oder eventuell sogar zukünftige) Situation auf kreative Art zu reflektieren. Die Methode führt nicht geradlinig zu konkreten Ergebnissen, dafür fördert sie die emotionale Reflexion.

## So geht's

Du hast vor dem Workshop ein Beispielplakat gezeichnet, das etwa so aussieht wie in der Abbildung links. Du sagst den TN: »Stellt euch vor, Steven Spielberg oder ein anderer, beliebiger Regisseur kommt auf euch zu und möchte die Situation (die vergangene Projektphase, den derzeitigen Konflikt, den zukünftigen Status – werde hier möglichst konkret!) verfilmen und ihr habt den Auftrag, das Filmplakat dazu zu gestalten. Ihr entscheidet euch für euer Narrativ – etwas, das euch beschäftigt hat oder das hängen geblieben ist. Ihr wählt das Genre (handelt es sich um eine Romantic Comedy? Action? Splatter?), die Hauptdarsteller (Menschen, Dinge, Konzepte, zum Beispiel die DSGVO) und entwerft das passende Plakat dazu. Maßlose Übertreibung ist erlaubt und gewünscht.«

Die TN finden sich in Gruppen mit möglichst ähnlichen Erfahrungswerten zusammen, entwerfen gemeinsam das Plakat, hängen es auf und erläutern es. Der Moderator kann Kernaussagen auf die Plakate kleben.

## So geht's weiter

Die Aussagen können für sich stehen oder in folgende Aufgaben einfließen.

**Tipp:** Damit es mehr Spaß macht, ist es hier besonders wichtig, gutes Zeichenmaterial dabei zu haben. Ich empfehle Filzstifte in verschiedenen Stärken und Wachsmalblöcke zum Kolorieren.

○ auch im Meeting ○ auch Remote ○ für Fortgeschrittene

A
A

# Zuhören und Paraphrasieren





Viele Probleme im Team entstehen durch Missverständnisse. Aber nicht nur dort, sondern auch bei allen anderen zwischenmenschlichen Interaktionen hilft die Methode »Zuhören und Paraphrasieren« dabei, sich gegenseitig besser zu verstehen.[28]

## Wann einsetzen?

Wenn Menschen lernen sollen, dass das, was sie verstehen, nicht zwangsläufig das ist, was das Gegenüber gesagt hat. Wenn Zwischentöne wichtig sind. Als Vorbereitung auf eine Gruppendiskussion, bei der bekannt ist, dass deutlich divergierende Meinungen herrschen und keine gute Streitkultur vorhanden ist.

## So geht's

Bei dieser Übung sitzen sich zwei Diskussionspartnerinnen gegenüber. Wenn geübt wird, ist es besonders erhellend, wenn die beiden ein Thema wählen, bei dem sie wirklich unterschiedlicher Meinung sind. Von politischen Themen über Kindererziehung ist alles möglich. Am geeignetsten für den Anfang sind meines Erachtens einfache Alltagsthemen (Kind in die Schule bringen: ja oder nein? Flugscham: berechtigt oder nicht?). Eine Beobachterin kann helfen, die Regeln einzuhalten.

Die erste Partei legt in wenigen Sätzen ihren Standpunkt dar. Die zweite Partei wiederholt – in ihren eigenen Worten (paraphrasiert) –, was sie verstanden hat. Die Sätze können beginnen mit »Du meinst also …« oder »Ich habe verstanden, dass du …«. Die erste Partei stimmt der Aussage der zweiten Partei entweder zu oder korrigiert die Aussage mit anderen Worten so lange, bis Verständnis (nicht Überzeugung!) hergestellt ist. Danach können die beiden die Rollen wechseln.

In der Regel reichen drei bis vier Paare aus, die ihre Konflikte öffentlich austragen, um ein generelles Verständnis der Methode herzustellen. Jedoch macht nur die regelmäßige Anwendung den Meister.

## So geht's weiter

Im Anschluss können echte Konfliktthemen mit diesem Werkzeug bearbeitet werden. Es ist sinnvoll, dieses Vorgehen möglichst oft im Arbeitsalltag zu üben.

---

28 Methode basierend auf Methoden von Carl Rogers: *Die klientenzentrierte Gesprächspsychotherapie*, Frankfurt 1983 sowie Bernhard Pörksen und Friedemann Schulz von Thun: *Die Kunst des Miteinander-Redens. Über den Dialog in Gesellschaft und Politik*, München 2021

● auch im Meeting ● auch Remote ○ für Fortgeschrittene

Kollegiale Beratung
FALL-
ERZÄHLUNG
SCHLÜSSEL-
FRAGE
METHODEN-
AUSWAHL
BERATUNG
ZUSAMMEN-
FASSUNG
FALLGEBER
MODERATOR
BERATER

# Kollegiale Beratung





Bei der »Kollegialen Beratung« – oder auch Peer-Beratung – geht es darum, dass sich Menschen aus einem Team gegenseitig beraten.[29] Am meisten Wirkung zeigt die Methode, wenn sie regelmäßig eingesetzt wird. Workshops sind ein guter Ort zur Ersterprobung im gesteckten Rahmen.

## Wann einsetzen?

Immer dann, wenn eine Person ein Problem hat oder einen Konflikt erlebt, bei dem sie nicht weiterkommt. Klassiker sind Konflikte in Teams oder destruktive Kommunikation.

## So geht's

Bei der »Kollegialen Beratung« gibt es drei Rollen: den Fallgeber, den Moderator und die Berater. Unter den Beratern befindet sich auch ein Protokollant. Die Beratung findet in Phasen statt:

1. Der Fallgeber erzählt den Fall aus seiner subjektiven Sicht. Dafür hat er etwa 15 Minuten lang Zeit. Der Moderator hilft bei der Erzählung, indem er versucht, relevante Lücken in der Erzählung durch gezielte Fragen zu schließen. Die Berater stellen maximal und sehr sparsam Verständnisfragen. Der Protokollant protokolliert.
2. Danach wird gemeinsam eine Schlüsselfrage definiert. Der Fallgeber entscheidet final, welche es sein soll. Die Frage sollte zur Lösung des Problems führen. Zum Beispiel: »Was kann ich tun, damit unsere Zusammenarbeit in Zukunft besser funktioniert?«
3. Dann wird diskutiert, welche Beratungsmethoden zum Einsatz kommen sollen – zum Beispiel Brainstorming, Hypothesenbildung, Ratschläge, Rollenspiel oder die vermutete Darstellung der Sicht des »Kontrahenten«. Der Fallgeber wählt final aus.
4. Jetzt sind die Berater aktiv und beraten den Fallgeber mit der ausgewählten Methode. Der Fallgeber hört zu, der Moderator achtet darauf, das Regeln, Zeit und Fokus auf die Schlüsselfrage eingehalten werden.
5. Abschließend reflektiert der Fallgeber seine Erkenntnisse aus der Beratung, fasst zusammen, erzählt, was er mitgenommen hat und gegebenenfalls umsetzen wird.

## So geht's weiter

Der Protokollant übergibt dem Fallgeber seine Notizen. Für zukünftige Beratungen kann gemeinsam reflektiert werden, was man besser machen könnte.

---

29 Kim-Oliver Tietze: *Kollegiale Beratung*, Reinbek 2003

● auch im Meeting ● auch Remote ○ für Fortgeschrittene

DIE ERWARTUNGEN VON ...
MEINEM VEREIN
UNSEREN INVESTOREN
MEINER CHEFIN
MEINEN KOLLEGEN
UNSEREN KUNDEN
TIMO
SENIOR DEVELOPER
ABTEILUNG X
MEINEM TEAM
MIR SELBST
MEINEN FREUNDEN
MEINER FAMILIE
AN MICH

# Roles and Expectations





## Wann einsetzen?

Wer erwartet was von mir? Diese Methode hilft dem Einzelnen, sich seiner konkreten Rolle bewusst zu werden.[30] Gleichzeitig wird dem Team bewusst, in welchen Spannungsfeldern sich die Kollegen bewegen. Die Übung solltest du nur bei einigermaßen gutem Vertrauensverhältnis durchführen.

## So geht's

Die TN erhalten je ein Flipchart-Blatt, auf dem sie sich selbst in den Mittelpunkt setzen und ihren Namen und die ihnen zugeschriebene, offizielle Rolle darunterschreiben. Um diesen Mittelpunkt werden die »erwartenden Rollen« gruppiert, also die Personen oder Rollen, die eine bestimmte Erwartungshaltung gegenüber der Person in der Mitte haben. Mindestens handelt es sich dabei um »meine Kollegen«, »meinen Chef« und »mich selbst«. Ergänzt werden kann, je nach Rolle, das professionelle Umfeld, zum Beispiel »mein Team«, »unsere Investoren«, »unsere Kunden«. Oder – wenn es um eine holistischere Betrachtung geht – »meine Familie«, »meine Freunde«, »mein Verein« und so weiter.

Im nächsten Schritt schreiben die TN bekannte oder vermutete Erwartungen – vonseiten der erwartenden Rollen – stichwortartig auf kleine Post-its und kleben sie um die einzelnen Felder auf ihrem eigenen Blatt. Das können Tätigkeiten, Handlungen, Fähigkeiten, Soft Skills, Prioritäten oder sogar Haltungen sein. Je mehr erwartende Rollen es gibt, desto mehr Zeit sollte dafür einkalkuliert werden.

Danach verteilen die TN Klebepunkte auf die Post-its (einen pro erwartende Rolle), um damit zu zeigen, welche Erwartungen sie als besonders relevant empfinden.

Die Übung sollte erweitert werden, indem sich die TN in in Kleingruppen mit möglichst vielen unterschiedlichen Rollen gegenseitig helfen, eventuell fehlende Erwartungen zu ergänzen.

## So geht's weiter

Im Anschluss sollte Zeit gegeben werden, die Ergebnisse vorzustellen und darüber zu diskutieren. Fragen an die TN könnten sein: Was war besonders interessant? Was hast du vorher anders gesehen? Ergibt sich etwas aus dieser neuen Sichtweise? Aus den Beschreibungen können im Anschluss gegebenenfalls einzelne oder übergeordnete Rollendefinitionen abgeleitet werden.

---

30 Methode basierend auf der Rollendefinition in Edgar H. Schein und Peter A. Schein: *The Corporate Culture Survival Guide*, Hoboken 2019

● auch im Meeting ● auch Remote ○ für Fortgeschrittene

WAS HAT UNS MOTIVIERT?
WAS WÄRE IN ZUKUNFT GUT?
VERGANGENHEIT
ZUKUNFT
WAS HAT UNS DEMOTIVIERT?
WAS KÖNNTEN HINDERNISSE SEIN?

# Das Segelschiff

Das Segelschiff ist eine klassische, viel eingesetzte und sehr effektive Übung für Retrospektiven.[31]

## Wann einsetzen?

Während eines Projekts oder innerhalb der Zusammenarbeit eines Teams. Mit dieser Übung schaut das Team in die Vergangenheit, um die Zukunft entsprechend der gemeinsamen Bedürfnisse besser zu gestalten.

## So geht's

Die Wand ist in vier Quadranten eingeteilt. Im Zentrum der Quadranten befindet sich die Zeichnung eines Segelschiffs. In jedem Quadrant wird eine Frage gestellt, die mit je einer marinen Metapher verbildlicht wird. Die beiden linken Quadranten stehen für die Vergangenheit: *Was hat uns motiviert und angetrieben?* (Wind), *Was hat uns zurückgehalten?* (Anker). Die beiden rechten Quadranten stehen für die Zukunft: *Was wäre in Zukunft gut?* (Sonne, Delfine), *Was könnten Hindernisse sein?* (Eisberg).

Die TN überlegen einzeln und schreiben ihre Antworten auf Post-its. Im Anschluss werden die Antworten kommentiert angeheftet und nach Fertigstellung eventuell gemeinsam geclustert. Mit Klebepunkten werden Prioritäten gesetzt – pro TN vier rote für das jeweils wichtigste Thema pro Quadrant und acht schwarze für weitere relevante Themen, verteilt über alle Quadranten. Wenn es danach um Optimierung gehen soll, ist das »wichtigste« Thema das, das am meisten Optimierung benötigt. Im weiteren Verlauf können die wichtigsten Themen und Fragen nochmals formuliert werden. Wird zum Beispiel das Problem »schlechte Briefings« genannt und priorisiert, kann die Formulierung für die Weiterbearbeitung lauten: »Wie sorgen wir für bessere Briefings?«

## So geht's weiter

Die Optimierungsthemen werden im Anschluss mit einer zu definierenden Methode (→ zum Beispiel siehe S. 185, »Talk the Talk and Walk the Walk«) in mehreren Gruppen bearbeitet.

31 Luke Hohmann: *Innovation Games*, Crawfordsville 2006

WAS MACHST DU ANDERS? WARUM?
WAS BEHÄLTST DU BEI?
WAS HAST DU GELERNT?
00:00:00

# Zeitmaschine[32]





Wenn man Verbesserungsoptionen für zukünftige Projekte finden will, ist es sinnvoll, die Fails vergangener Projekte zu betrachten.

## Wann einsetzen?

In Retrospektiven. Wenn man die Schieflagen eines laufenden oder vergangenen Projekts dazu nutzen möchte, zukünftige Projekte besser zu machen.

## So geht's

Du erzählst den TN folgende Geschichte: »Es ist schon dunkel, und du sitzt gemütlich in deinem Wohnzimmer und schaust dir deine Lieblingsserie an. Plötzlich hörst du ein Rauschen und siehst helle Lichtblitze durchs Fenster. Im nächsten Moment hörst du einen lauten Knall und sitzt in einer riesigen Staubwolke. Als sich der Staub lichtet, kannst du deinen Augen kaum trauen: In deinem Wohnzimmer steht eine Zeitmaschine! Die Tür öffnet sich und du erkennst, dass die Pilotin bewusstlos ist. Du schiebst sie auf den Beifahrersitz und setzt dich selbst ans Steuer. Die Zeit, die du einstellst, ist der [hier das Datum des Projektbeginns einsetzen], und du hast große Lust, alles nochmal ganz anders zu machen. Du hast jetzt die Möglichkeit, nochmal ganz von vorn anzufangen. Was machst du anders? Warum? Was behältst du bei? Was hast du gelernt?«

Die TN schreiben ihre Antworten auf Post-its. Die Fragen stehen als Headlines an der Wand. Ist dieser Prozess abgeschlossen, hängt jede ihre Bemerkungen auf und stellt sie den anderen vor.

## So geht's weiter

Im Anschluss wird diskutiert oder erarbeitet, welche Verbesserungen für das nächste Projekt angestrebt werden und wie man sicherstellt, dass diese Verbesserungen auch umgesetzt werden können.

---

32 Dominic Panzer: »Zurück in die Zukunft«, https://retromat.org/de/?id=141

● auch im Meeting ● auch Remote ○ für Fortgeschrittene

# Lagerfeuerdialog[33]





Kulturelle Annahmen formen unser Zusammenleben mit Menschen. Wir haben sie uns im Laufe unseres Lebens angeeignet, und sie sind uns meist nicht bewusst. Trifft ein Team mit unterschiedlichen kulturellen Annahmen aufeinander, ist die Zusammenarbeit oft nicht einfach. Verständnis und Empathie zu erzeugen, funktioniert aber nicht mit theoretischen Hinweisen, sondern nur dann, wenn man die Motive der anderen auf menschlicher Ebene kennenlernt.

## Wann einsetzen?

Wenn makro- oder mikrokulturelle Überzeugungen Einzelner zu erschwerter Zusammenarbeit führen.[34] Die Übung braucht Zeit und sollte nicht zwischendurch gemacht werden. Es kann sein, dass wirklich schwierige, emotionale Themen angesprochen werden.

## So geht's

Die TN sitzen um ein Lagerfeuer herum (Eine Kerze geht auch. Gut, wenn es im Raum nicht zu hell ist). Der Moderator formuliert eine Frage und fordert die TN auf, nacheinander eine Geschichte – ein konkretes Ereignis – aus ihrem (Berufs-)Leben zu erzählen. Die Vorgabe für die Geschichte ist ein Erlebnis, das die Weltsicht oder die kulturellen Annahmen der einzelnen TN im Kontext des Problemfelds offenbart. Zum Beispiel: »Erzähle uns eine Geschichte, wie du einmal mit der Autorität eines Vorgesetzten umgegangen bist und wie du dich danach gefühlt hast.« Interessant für die Gruppe sind dabei das gefühlte Erleben des jeweiligen Erzählers, was er im Vorfeld erwartet hat, wie er reagiert und welche Erkenntnisse er daraus gezogen hat.

Dabei reden die TN »mit dem Feuer«. Direkte Gespräche – die in diesem Fall unerwünscht sind – werden so vermieden. Außerdem ist es einfacher, schwierige Themen ohne ablenkenden Augenkontakt anzusprechen. Pro Erzählung solltest du mit 5 bis 10 Minuten rechnen. Auf diese Zeit solltest du nicht beharren, sondern höchstens darauf hinweisen.

**Tipp:** Bestimme als ersten Erzähler jemanden, von dem du weißt, dass er das Herz auf der Zunge trägt. Danach fällt es den anderen leichter, ebenfalls tiefgründige Geschichten zu erzählen.

## So geht's weiter

Weitere Fragen können gestellt werden. Die Personen in der Gruppe haben mit dieser Methode eine gute Chance, neue Einstellungen zu anderen Teammitgliedern zu erwerben, weil sie ihre menschliche Seite kennenlernen.

---

33 Basierend auf einer Schilderung aus Edgar H. Schein: *Organizational Culture and Leadership*, Hoboken 2017

34 Makrokulturell: z. B. die Kultur eines Landes betreffend; mikrokulturell: z. B. die Arbeitskultur betreffend.

○ auch im Meeting ○ auch Remote ● für Fortgeschrittene

WIR VERMUTEN,
IHR DENKT ÜBER UNS …
SO SEHEN WIR DAS:
SO SEHEN WIR DAS:
SO SEHEN WIR DAS:

# Positionskarussell



## Wann einsetzen?

In Teams ist es oft schwierig, Konflikte anzusprechen. Gut, wenn man das indirekt machen kann. Wenn es permanent Reibereien zwischen gut abgegrenzten, internen Gruppen gibt. Nichts für Anfängerinnen, denn hier müssen eventuell auch harte Aussagen aufgefangen werden.[35]

## So geht's

Es sollte eine etwa gleichgroße Anzahl TN aus beiden Gruppen anwesend sein. Die TN sollten vorgewarnt werden, dass es bei dieser Übung gegebenenfalls ans Eingemachte geht. Die TN begeben sich in ihre homogenen Gruppen. Unter der Headline »Wir vermuten, ihr denkt über uns …« forderst du sie auf, vermutete Vorurteile der anderen über die eigene Gruppe auf Post-its zu notieren und auf zwei voneinander abgewandten Flipcharts aufzuhängen, zu clustern und zusammenzufassen. Am Schluss sollten etwa zwei bis maximal drei relevante und sachlich formulierte Aussagen übrigbleiben.

Bis zu diesem Zeitpunkt arbeiten die Gruppen getrennt voneinander. Im nächsten Schritt werden die Flipcharts umgedreht und die Vermutungen werden den anderen vorgestellt. Dabei sind Verständnisfragen erlaubt.

Jetzt wechseln die Gruppen zum jeweils anderen Flipchart, kommentieren die Vermutungen und einigen sich auf gemeinsame Aussagen. Unterstützung ist hier gut, du solltest darauf achten, dass keine der Gruppen zu stark in den Rechtfertigungsmodus rutscht. Drei Regeln: Jede Aussage fängt mit »So sehen wir das« an. Es wird aus der Wir-Perspektive gesprochen und es gibt keine zu langen Antworten.

Danach werden jedem Problem mindestens zwei TN aus beiden Gruppen zugeordnet. Wenn Themen aus unterschiedlicher Perspektive zweimal vorkommen, müssen sie zusammengefasst werden. Die Kleingruppen haben die Aufgabe, potenzielle Lösungen für das Problem zu finden.

## So geht's weiter

Je nach Problem können danach neue Regeln oder Prozesse direkt beschlossen oder Optimierungsprojekte angeschoben werden. Der Abschluss sollte mit einer gemeinschaftlichen Friedensgeste besiegelt werden. Händeschütteln wäre das Mindeste.

---

35 Basierend auf der Methode »be evil – be nice« in Cornelia Andriof: *Praxisbuch für wirksame Veränderung – mit der Theorie U arbeiten*, Wiesbaden 2021

○ auch im Meeting ○ auch Remote ● für Fortgeschrittene

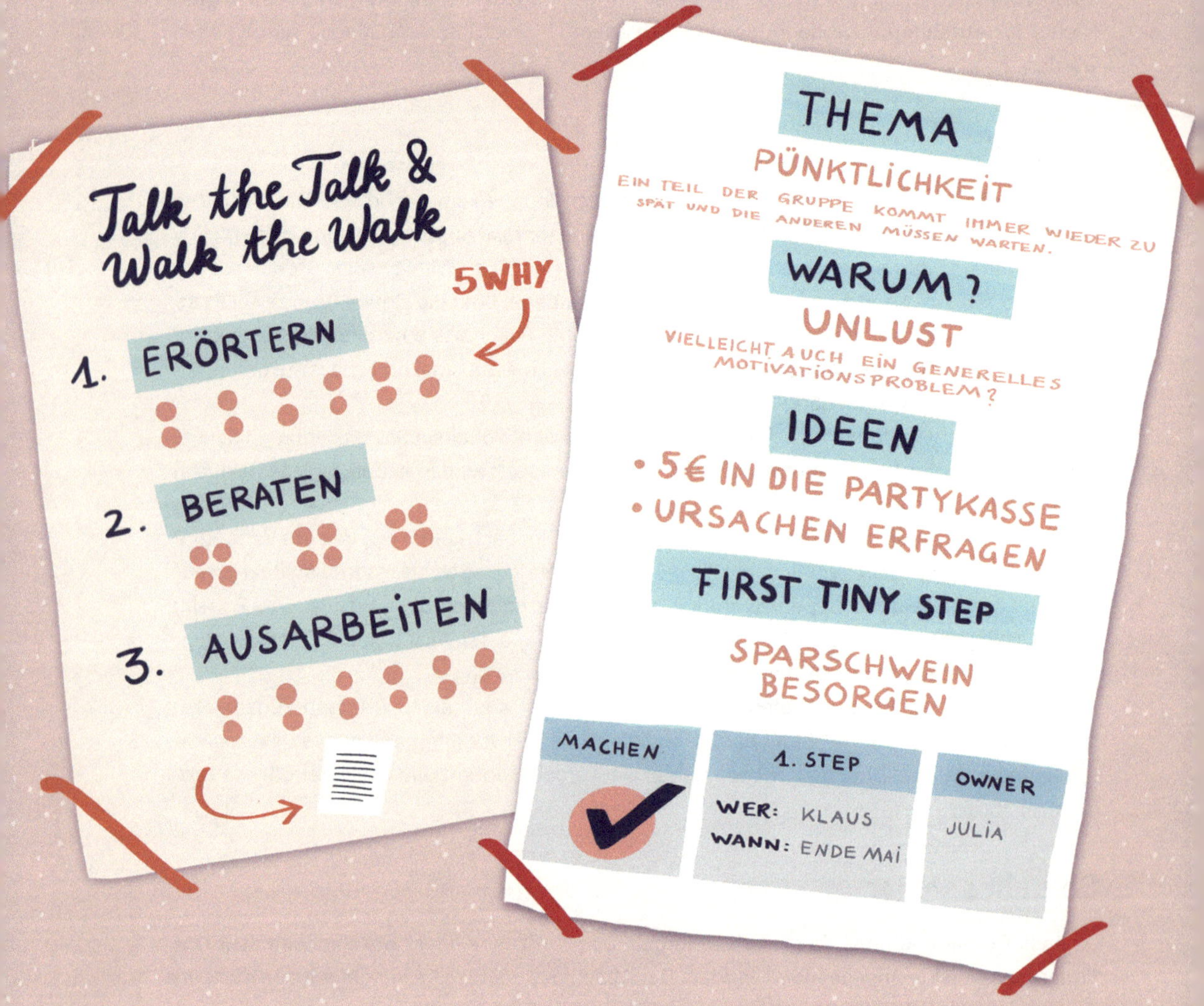
Talk the Talk &
Walk the Walk
5WHY
1. ERÖRTERN
2. BERATEN
3. AUSARBEITEN
THEMA
PÜNKTLICHKEIT
EIN TEIL DER GRUPPE KOMMT IMMER WIEDER ZU SPÄT UND DIE ANDEREN MÜSSEN WARTEN.
WARUM?
UNLUST
VIELLEICHT AUCH EIN GENERELLES MOTIVATIONSPROBLEM?
IDEEN
• 5€ IN DIE PARTYKASSE
• URSACHEN ERFRAGEN
FIRST TINY STEP
SPARSCHWEIN BESORGEN
MACHEN
1. STEP
WER: KLAUS
WANN: ENDE MAI
OWNER
JULIA

# Talk the Talk and Walk the Walk





## Wann einsetzen?

Wenn Maßnahmen zur Lösung zuvor definierter Probleme entwickelt werden sollen.

## So geht's

Zuvor gab es eine Sammlung der Problemfelder, zum Beispiel mit der »Segelschiff«-Methode (→ siehe S. 177). Jedes Problemfeld wird einem »Paten« zugeteilt. Idealerweise ist das jemand, dem das Thema wichtig ist. Dieser Themenpate sucht sich einen oder zwei Ratgeber. Die so entstandenen Kleingruppen bearbeiten die Aufgabe in vier Schritten (siehe linkes Plakat in der Abbildung).

1. **Erörtern:** Die Gruppen unterhalten sich 15 Minuten lang über das Thema, warum es ein Problem ist, woher es kommt und finden Lösungsideen. Hier können die »Five Why« (→ siehe S. 149) zu Hilfe genommen werden. Der Pate erläutert, die Ratgeber beraten.
2. **Beraten:** Die zwei Gruppen kommen zusammen und schildern sich je 10 Minuten lang gegenseitig ihr Problem, warum es dazu gekommen ist und ihre bereits entwickelten Lösungen. Die andere Gruppe macht aufbauende oder zusätzliche Lösungsvorschläge. Wenn es keine gerade Anzahl von Gruppen gibt, können hier drei Kleingruppen zusammenkommen. Entsprechend mehr Zeit wird dann benötigt.
3. **Ausarbeiten:** Danach trifft sich wieder die ursprüngliche Kleingruppe und diskutiert, welche Vorschläge angenommen werden und welche nicht. Im Anschluss erstellt die Kleingruppe ein Plakat (nach dem Muster des rechten Plakats in der Abbildung), das ihre Lösungswege darstellt. Zur Aktivierung wird eine erste, kleine Maßnahme festgelegt (»First Tiny Step«), die sehr schnell erledigt werden kann.
4. **Vorstellen:** Die Plakate werden der gesamten Gruppe vorgestellt. Hier sollte der Beitrag der beratenden Gruppe(n) positiv hervorgehoben werden.

## So geht's weiter

Nach dem Workshop werden die beschlossenen Maßnahmen umgesetzt.

**Tipp:** Das etwas komplizierte Vorgehen sollte auf einem Plakat dargestellt werden, eventuell inklusive Zeitangaben. Zusätzlich hilft die beispielhafte Darstellung eines Ergebnistyps (→ siehe Abbildung links).

○ auch im Meeting ● auch Remote ○ für Fortgeschrittene

Die beste Team-Experience
EIN WARMES TEAM-ERLEBNIS
EIN GROSSER TRIUMPH
1.
MEIN ERSTER TAG
1.
AUF GESCHÄFTSREISE
UNSERE BESTE IDEE
UFF
GERADE NOCHMAL GUT AUSGEGANGEN
WAS NOCH?

# Our Story

Das ist eine schöne, längere Abschlussübung, die auch nach dem Workshop stattfinden kann. Sie sorgt für mehr Wärme im Team und macht die gemeinsame Geschichte fühlbar.

## Wann einsetzen?

Am Ende von Teamworkshops oder am Abend nach dem Workshop in gemütlicher Runde. Wenn die Geschichte des Teams fühlbar gemacht werden soll. Besonders geeignet, wenn Teammitglieder unterschiedlich lange dabei sind. Auch gut im Zusammenhang mit einem Purpose-Prozess.

## So geht's

Die Hauptfrage an die TN lautet: »Was war für dich ein wichtiges, bewegendes, schönes, auf jeden Fall positives Erlebnis in diesem Team?« Du hast ein Plakat vorbereitet, auf dem einige Inspirationen stehen.

Als Inspiration können folgende Themen an der Wand stehen: Auf Geschäftsreise, Mein schlimmster Kundinnentermin und wie er doch noch gut ausging, Unsere beste Idee, Ein großer Triumph. Als ich das erste Mal X traf, Die beste Firmenparty, Dieses eine Kompliment von der Kundin ... Hier kann beliebig ergänzt werden.

Die TN haben kurz Zeit zum Nachdenken. Danach hat jede 5 Minuten Zeit, um ihre Geschichte zu erzählen. Jede Geschichte erhält nach Abschluss einen kurzen Applaus der Gruppe. Danach wird der (gegebenenfalls imaginäre) Ball von einer Erzählerin an die nächste weitergegeben und es wird eine weitere Geschichte erzählt. Die Übung ist beendet, wenn jede TN eine Geschichte erzählt hat.

## So geht's weiter

Man kann diese emotionalen und positiven Storys einfach wirken lassen oder sie für einen Purpose-Prozess dokumentieren und weiterverarbeiten.

**Tipp:** Vielleicht gibt es eine gute Zeichnerin in der Gruppe, die, während die anderen sprechen, ein Plakat mit allen Geschichten malt. So wird eine schöne, gemeinsame Erinnerung geschaffen.

○ auch im Meeting ○ auch Remote ○ für Fortgeschrittene

Methoden
FÜR
IDEATION &
INNOVATION

»Alles, was du dir vorstellen kannst, ist real.«

*– Pablo Picasso*

Hier werden Methoden vorgestellt, die dabei helfen, großartige Ideen zu entwickeln. In diesem Abschnitt wird mehr Wert auf die erste Phase der Ideenfindung gelegt: auf die Divergenz. Methoden zur Konvergenz findest du → ab S. 234, »Bewertungs- und Priorisierungsmethoden«.

RUNDE 1
RUNDE 2
RUNDE 3

# Brainstorming





Das »Brainstorming«[36] stellt die Basis für viele andere, abgewandelte Methoden dar. Dieser Ideation-Klassiker findet eigentlich mündlich statt. Die hier dargestellte, schriftliche Variante (auch oft »Brainwriting« genannt) hat den Vorteil, dass garantiert alle TN zu Wort kommen. Zudem hat man durch die Verschriftlichung eine direkte Dokumentation.

## Wann einsetzen?

Zur Ideengenerierung, aber auch zur Sammlung von Lösungsansätzen, Einfällen oder Fragen.

## So geht's

Beim Brainstorming werden Ideen in der Gruppe gesammelt. In der Regel besteht es aus drei Schritten: Im ersten Schritt geht es um eine möglichst hohe Ideenanzahl, im nächsten um Ideen, die auf Runde eins aufbauen, und im dritten Schritt um die Auswahl der besten und machbarsten Ideen.

1. Das Briefing wird vorgestellt. Die Problemstellung wird erläutert, und gegebenenfalls wird notwendiges, weiteres Basiswissen vermittelt. Jeder TN notiert eine möglichst große Anzahl freier Ideen (→ siehe auch S. 103, »Luftschlösser bauen«) auf einzelne Post-its. Die Zeit für die Sammlung ist kurz (circa 10 bis 12 Minuten), sodass spontane Ideen gefördert werden. Jeder TN kommentiert seine Beiträge mündlich und heftet sie dabei – für die Gruppe sichtbar – an die Wand. Mithilfe des Moderators kann direkt geclustert werden (→ siehe S. 97, »Clustern«).
2. In der zweiten Runde wird der Vorgang wiederholt, mit der Aufforderung an die TN, aufbauend auf den Ideen der ersten Runde, weitere Ideen zu entwickeln. Hilfreich ist die Verwendung von Post-its in einer anderen Farbe.
3. In der letzten Runde werden die Ideen von allen TN bewertet, zum Beispiel mithilfe von etwa zehn Klebepunkten pro TN – rot für die Lieblingsidee, schwarz für alle anderen.

## So geht's weiter

Die Ideen können jetzt verfeinert und zu Maßnahmen formuliert werden. Danach kann die Einordnung in eine Roadmap (→ siehe bespielsweise S. 233, »Kollaboratives Roadmapping«) erfolgen.

---

36 Alex F. Osborn: *How to »Think Up«*, New York/London 1942

● auch im Meeting ● auch Remote ○ für Fortgeschrittene

WAS SIND DIE VORTEILE VON ZURUFLISTEN ?
SCHNELL
EINFACH
SPONTAN
INSPIRIEREND
KONZENTRIERT

# Zurufliste



»Was sind die Aufgaben eines Projektmanagers?« oder »Wie können wir Meetings verkürzen?« – für jede Art der kollaborativen Sammlung und auch für die schnelle Ideenfindung ist die Zurufliste die einfachste Option.

## Wann einsetzen?

Einfache Methode zum Sammeln von Einfällen, Lösungsansätzen und Ideen, aber auch von Problemen, Fragen oder allem anderen. Keine ausgesprochene Ideation-Methode, eher ein Allrounder. Die Methode hat den Nachteil, dass hier vornehmlich die Extrovertierten zu Wort kommen.

## So geht's

Zunächst schreibt die Moderatorin die Frage oder die Aufgabe als Überschrift auf ein Plakat oder Whiteboard. Es sollte ausreichend Platz einkalkuliert werden, sodass nicht mitten im Flow unterbrochen werden muss, um mehr Fläche zu organisieren. Alle Antworten sollten während der gesamten Übung sichtbar sein, denn oft bauen die Einfälle aufeinander auf. Eine weitere Person, die beim Schreiben oder Anpinnen unterstützt, kann zur Hilfe herangezogen werden. Für nur eine schreibende Hand geht es oft zu schnell.

Die Frage wird gestellt und die TN werden aufgefordert, ihre Einfälle laut und unstrukturiert, also ohne festgelegte Reihenfolge, zu äußern. Die Moderatorin und die Helferin schreiben stichpunktartig mit, ohne die Aussagen zu verfälschen.

Erst sammeln, dann fragen: Wenn Zurufe nicht vollständig verstanden werden, wird nur das Verstandene notiert und erst nach dem Ende der Runde nach der genauen Bedeutung gefragt.

**Tipps:**

- Du kannst die Einfälle im Anschluss mit der Hilfe der TN farbig markieren (mit Wachsmalkreide oder Klebepunkten), um sie zu kategorisieren.
- Die TN können die Einfälle mit Klebepunkten priorisieren. Fragen dazu könnten sein: »Was ist am wichtigsten?« oder »Woran wollt ihr weiterarbeiten?«
- Das Schreiben auf Karten oder Post-its hat den Vorteil, dass später umsortiert werden kann. In diesem Fall schreibt eine und die andere hängt auf.

## So geht's weiter

Die Notizen können, je nach Inhalt, weiterverarbeitet werden oder für sich stehen.

● auch im Meeting ● auch Remote ○ für Fortgeschrittene

FRAGE
FRAGE
FRAGE

# Speed-Creating



Speed-Creating leitet sich vom Speed-Dating ab, bei dem sich viele Paare in einem Raum treffen, sich zu zweit miteinander unterhalten und nach einer vorgegebenen Zeit zum nächsten Gesprächspartner wechseln. Ebenso wechseln beim Speed-Creating die TN von Frage zu Frage. Speed-Creating kann mit anderen Methoden kombiniert werden.

## Wann einsetzen?

Wenn es darum geht, viele und aufeinander aufbauende Ideen zu entwickeln oder Aussagen zu sammeln.

## So geht's

An der Wand oder auf Plakaten stehen die Fragen, die es zu beantworten gilt. Es werden kleine Gruppen gebildet (Anzahl der Fragen = Anzahl der Gruppen), und jeder Frage wird eine Gruppe zugeordnet. In einer ersten Ideenrunde werden maximal 10 Minuten lang mit einer beliebigen Methode Ideen auf Post-its gesammelt.

Ist die Zeit abgelaufen, bleiben die Ideen an Ort und Stelle, und die TN wechseln zur nächsten Frage. Dort entwickeln sie in Runde zwei aufbauende Ideen auf Runde eins, und in Runde drei aufbauende Ideen auf Runde eins und zwei, und so weiter. Am Ende sollte sich jede Gruppe einmal auf jedem Plakat verewigt haben. Du kannst an jeder Station dieselbe Frage stellen oder unterschiedliche Fragen pro Station behandeln lassen. Idealerweise kommen die TN wieder an ihrem ursprünglichen Plakat an, fassen zusammen und präsentieren im Anschluss die wichtigsten und besten Ideen.

## So geht's weiter

Die Ideen können bewertet und priorisiert werden oder fließen vorerst in den Ideenpool ein.

**Tipps:**

- Man kann die jeweiligen Runden oder Gruppen mit verschiedenen Post-it-Farben kenntlich machen und/oder Linien auf die Flipcharts zeichnen, sodass man erkennt, aus welcher Phase die Ideen stammen.
- Bei komplexen Themen kann in der Anfangsphase jeder Runde einer aus der Gruppe am Flipchart stehen bleiben und der neuen Gruppe die Ideen der vorangegangenen Gruppe erläutern.

● auch im Meeting ○ auch Remote ○ für Fortgeschrittene

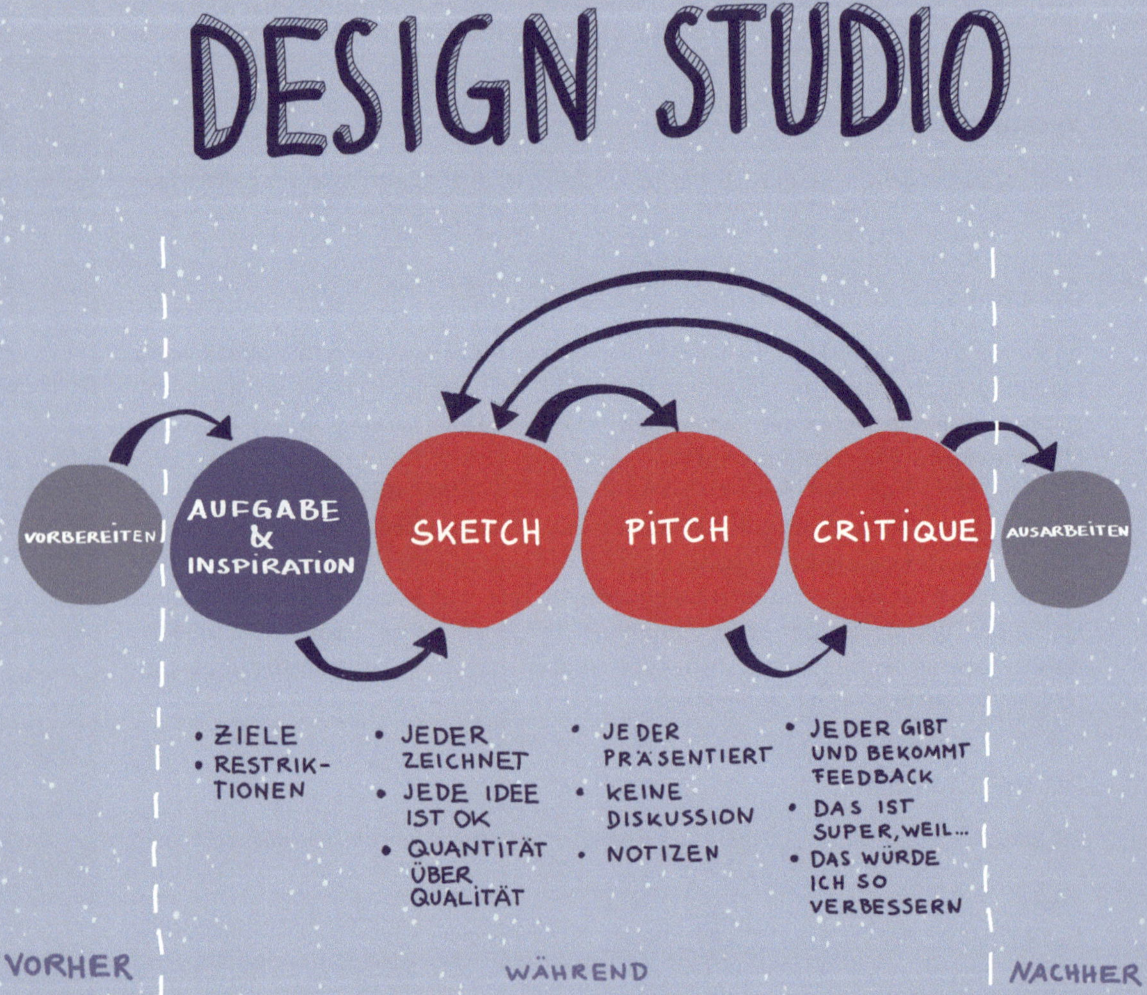

DESIGN STUDIO
VORBEREITEN
AUFGABE & INSPIRATION
SKETCH
PITCH
CRITIQUE
AUSARBEITEN
• ZIELE
• RESTRIKTIONEN
• JEDER ZEICHNET
• JEDE IDEE IST OK
• QUANTITÄT ÜBER QUALITÄT
• JEDER PRÄSENTIERT
• KEINE DISKUSSION
• NOTIZEN
• JEDER GIBT UND BEKOMMT FEEDBACK
• DAS IST SUPER, WEIL…
• DAS WÜRDE ICH SO VERBESSERN
VORHER
WÄHREND
NACHHER

# Design Studio





Design Studio ist eine visuelle Methode, die ursprünglich aus dem Industriedesign kommt.[37] Sie ist sehr schnell getaktet und macht Ideen sofort anfassbar. Für mich ist das ein tolles Beispiel für Co-Kreation.

## Wann einsetzen?

Wenn man schnell visuelle Ideen für eine noch relativ offene Aufgabenstellung entwickeln möchte. Nicht einsetzen bei zu starken Restriktionen. Anwendungsfelder können Kampagnen, User Interface Design, Packaging und andere visuelle Bereiche sein.

## So geht's

Die Gruppengröße ist mit fünf bis acht TN ideal. Größere Gruppen brauchen deutlich länger, bei kleineren Gruppen leidet die Vielfalt der Ideen.

1. **Vorbereiten und einladen:** Im Vorfeld eines Design-Studio-Workshops sollte die Aufgabe klar formuliert sein. Bestehende Restriktionen sollten genannt werden, zu viele sollten es jedoch nicht sein. Idealerweise besteht die Aufgabe aus einem Satz, zum Beispiel »Wie verbessern wir die Konfiguratoren auf unseren Produktseiten?« Außerdem ist es günstig, wenn man Inspirationen in Form von Bildern *(Was machen die Wettbewerber? Wie wird das in anderen Branchen gelöst? Was sind generell herausragende Beispiele für unsere Aufgabe?)* vorbereitet. Die TN sollten auf die enge zeitliche Taktung vorbereitet sein.

2. **Herausforderung und Inspiration:** Im Workshop werden die heutige Aufgabe und die vorbereiteten Inspirationen vorgestellt. Vor der ersten Ideenrunde ist es gut, wenn man einen aktivierenden Gehirn-Cleaner (zum Beispiel → siehe S. 143, »Äpfel und Köpfe«) einbaut.

37 Todd Zaki Warfel: Prototyping: *A Practitioner's Guide*, New York 2009

# DESIGN STUDIO

ABLAUF FÜR 8 TN

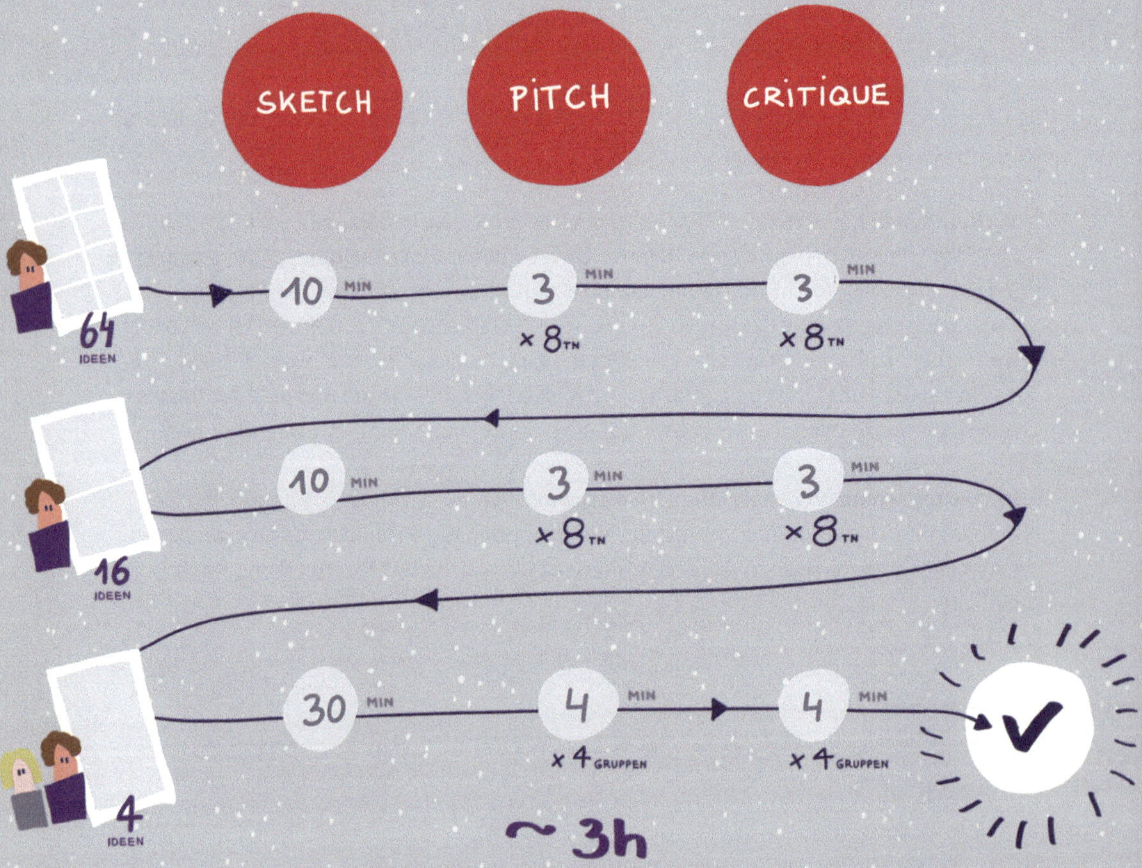

3. **Ideenrunde 1:** Die Ideenrunden bestehen immer aus den drei Bausteinen *Sketch, Pitch* und *Critique*.
   - Die TN erhalten ein DIN A4-Blatt mit acht Feldern. Im Schritt *Sketch* zeichnen sie innerhalb von 10 Minuten acht visuelle Ideen in die Felder.
   - Danach, im *Pitch*, stellen sie sich gegenseitig ihre Ideen vor. Die Ideenvorstellung kann jeweils mit den Worten: »Diese Idee löst das Problem, indem ...« eingeleitet werden. Alle hören zu, niemand stellt Fragen. Dabei haben alle jeweils 3 Minuten lang Zeit zur Vorstellung ihrer Ideen, die anderen machen sich währenddessen Notizen zu mindestens drei positiven Aspekten und drei Verbesserungsoptionen – idealerweise auf kleine grüne und rote Post-its.
   - Im Schritt *Critique* werden die Ideen von allen bewertet. Dazu werden die roten und grünen Post-its mit Stichworten rund um das Blatt an die Ideen geklebt. Grün: »Finde ich super, weil ..., Rot: »Würde ich wie folgt verbessern: ...«

4. **Ideenrunde 2:** Stehlen ist gut! Dank der Ideen der anderen TN können alle sehr viele Ansätze aus der 1. Runde mitnehmen. Diese werden jetzt gemischt und verbessert. Die TN erhalten nun je ein Blatt mit zwei Feldern und sollen die Verbesserung ihrer eigenen Idee oder/und eine neu entstandene Idee zeichnen. *Pitch* und *Critique* erfolgen nach demselben Muster wie zuvor. Am Ende kristallisieren sich die zwei bis fünf favorisierten Ideen der Gruppe heraus. Zur Not kann mit Klebepunkten nochmals gewichtet werden.

5. **Ideenrunde 3:** Jetzt werden Gruppen gebildet. Jede Gruppe (2 bis maximal 3 TN) zeichnet über einen längeren Zeitraum (30 bis 40 Minuten) an genau einer Idee. Auch die hier entstandenen Ideen werden wieder vorgestellt und von der Gruppe bewertet. Jetzt kann sich die Gruppe für eine oder mehrere Ideen zur Umsetzung entscheiden.

6. **Ausarbeitung:** Die Ausarbeitung erfolgt im Anschluss an den Workshop.

**Tipp:** Besonders für die letzte Ideenrunde ist es gut, farbige Stifte für jedes Team bereitzuhalten.

## So geht's weiter

Je nach Thema geht es jetzt in die Ausarbeitung. Die ausgewählten Ideen werden als Prototyp hergestellt, getestet und umgesetzt.

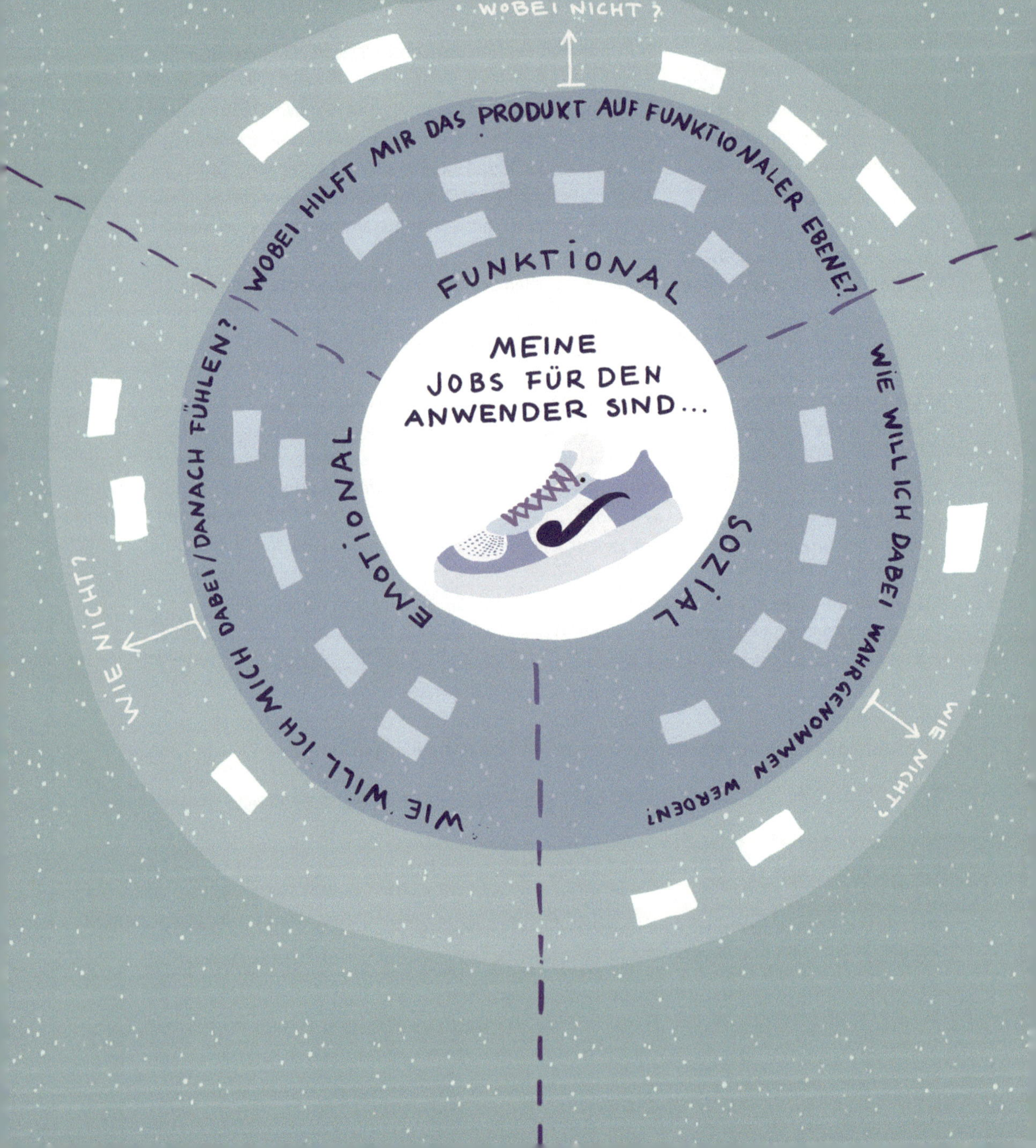

WOBEI NICHT?
WOBEI HILFT MIR DAS PRODUKT AUF FUNKTIONALER EBENE?
FUNKTIONAL
MEINE JOBS FÜR DEN ANWENDER SIND...
EMOTIONAL
SOZIAL
WIE WILL ICH MICH DABEI/DANACH FÜHLEN?
WIE NICHT?
WIE WILL ICH DABEI WAHRGENOMMEN WERDEN?
WIE NICHT?

# »Jobs to be Done«-Quickie

»Jobs to Be Done« ist eine Methode aus der User Experience. Mit ihr werden Produkte entsprechend der Bedürfnisse von Nutzerinnen gestaltet. Man geht dabei davon aus, dass ein Produkt von einer Nutzerin »angeheuert« wird, um einen »Job« für sie zu erledigen.[38]

## Wann einsetzen?

Als Vorbereitung der Ideation bei der Produkt-, App- oder Serviceverbesserung. Um die TN davon abzuhalten, direkt in Lösungen zu denken. Zur kundinnenzentrierten Vorgehensweise.

## So geht's

Die Idee, dass das Produkt einen oder mehrere *Jobs* für die Nutzerin erfüllen soll, wird kurz erläutert und auch, dass es vorerst nicht um Lösungen geht, sondern um Themenfelder, die man verbessern könnte.

Unterstützend können zuvor folgende Fragen beantwortet werden (auf einem zusätzlichen Plakat oder per »Zurufliste«, ⇢ siehe S. 193): Welche Gedanken oder Situationen führen zu einer Entscheidung für dieses Produkt? Was hat die Nutzerin zuvor benutzt? Was mochte sie daran? Was nicht? Warum könnte sie nach etwas anderem suchen? Was sind die Abstriche, die sie mit unserem Produkt machen muss?

Die TN werden jetzt aufgefordert, sich in unterschiedliche Situationen mit dem Produkt hineinzuversetzen. An der Wand hängt ein Bild des Produkts, mit der Headline: »Meine Jobs für den Anwender sind …«. Die Wand ist eingeteilt in sechs Flächen (⇢ siehe Bild links):

- **Funktional** *(Wobei hilft mir das Produkt auf funktionaler Ebene? – Wobei nicht?),*
- **Emotional** *(Wie will ich mich beim Gebrauch oder danach fühlen? – Wie nicht?),*
- **Sozial** *(Wie will ich damit wahrgenommen werden? – Wie nicht?).*

Die TN schreiben einzelne Ideen auf Post-its und heften sie an die entsprechenden Stellen an die Wand.

## So geht's weiter

Die Ergebnisse können zu Themenfeldern geclustert und im Anschluss daraus Produktideen abgeleitet werden. Zum Beispiel: Der Schuh sorgt dafür, dass mir meine Füße nicht weh tun. – Wie machen wir den Schuh noch bequemer?

---

38 Methode basierend auf der »Jobs to be Done«-Methode in Antony W. Ulwick: *Jobs to be Done*, 2016 sowie Clayton Christensen et al.: *Competing against Luck*, New York 2016. Normalerweise arbeitet man bei der Methode mit Insights von tatsächlichen Anwenderinnen.

○ auch im Meeting ● auch Remote ○ für Fortgeschrittene

HIER STEHT DIE CHALLENGE
ASSOZIATION
ASSOZIATION
ASSOZIATION
ASSOZIATION

# Visual Brain Teaser





Das Gehirn ist immer bestrebt, Sinn herzustellen. Horoskope nutzen dieses Phänomen, wenn sie den Leser einen Zusammenhang zwischen einem fiktionalen Text und dem eigenen Leben herstellen lassen. Der gleiche Effekt wird auch bei dieser Methode genutzt: Zwischen dem Thema und zufällig ausgewählten Bildern werden neue Assoziationen hergestellt.

## Wann einsetzen?

Um neue, kreative Ideen zu entwickeln, wenn man festhängt und neue Impulse braucht.

## So geht's

Pro TN braucht man etwa vier Bilder, aus Zeitschriften ausgeschnitten oder ausgedruckt. Die Bilder sollten nicht nach Schönheit, sondern nach Inhalt ausgewählt sein. Es sollten Bilder sein, die zum Denken anregen, auf denen etwas passiert oder die ein Konzept verkörpern. Die Challenge oder die Frage hängt an der Wand (zum Beispiel: *Wie stellen wir unsere Kundenbindungskampagne dar? Wie lösen wir Problem X?*), die Bilder liegen offen auf dem Tisch. Jeder TN wählt spontan drei Bilder aus. Die Anweisung an die TN soll möglichst offen formuliert sein. Sie könnte lauten: »Wenn du das Problem zusammen mit deinem Bild betrachtest – was fällt dir dazu ein?« Jetzt haben die TN kurz Zeit zum Nachdenken und zum Notieren von Stichpunkten auf Post-its (circa 10 Minuten). Dann hängen alle ihre Bilder und die dazugehörenden Post-its an die Wand und stellen ihre Assoziationen vor.

**Tipps:** Man kann weitere, »verschärfte« Runden anhängen:

- Die Bilder werden verdeckt gezogen.
- Es werden in einer zweiten Runde zwei (oder drei) Bilder gezogen, zu denen eine gemeinsame Assoziation mit Bezug zum Problem hergestellt werden soll.
- Es werden zufällige Paare gebildet, die im Anschluss ihre Assoziationen zu einer Idee verbinden.
- Auf die Assoziationen der ersten Runde folgt eine zweite Runde mit aufbauenden Ideen. Diesmal ohne die Bilder.

Wo bekommst du die Bilder her? ⇝ siehe Tipp, S. 129, »Picture Improv«.

## So geht's weiter

Die Assoziationen können im nächsten Schritt zu Ideen und Maßnahmen weiterentwickelt werden.

○ auch im Meeting ● auch Remote ○ für Fortgeschrittene

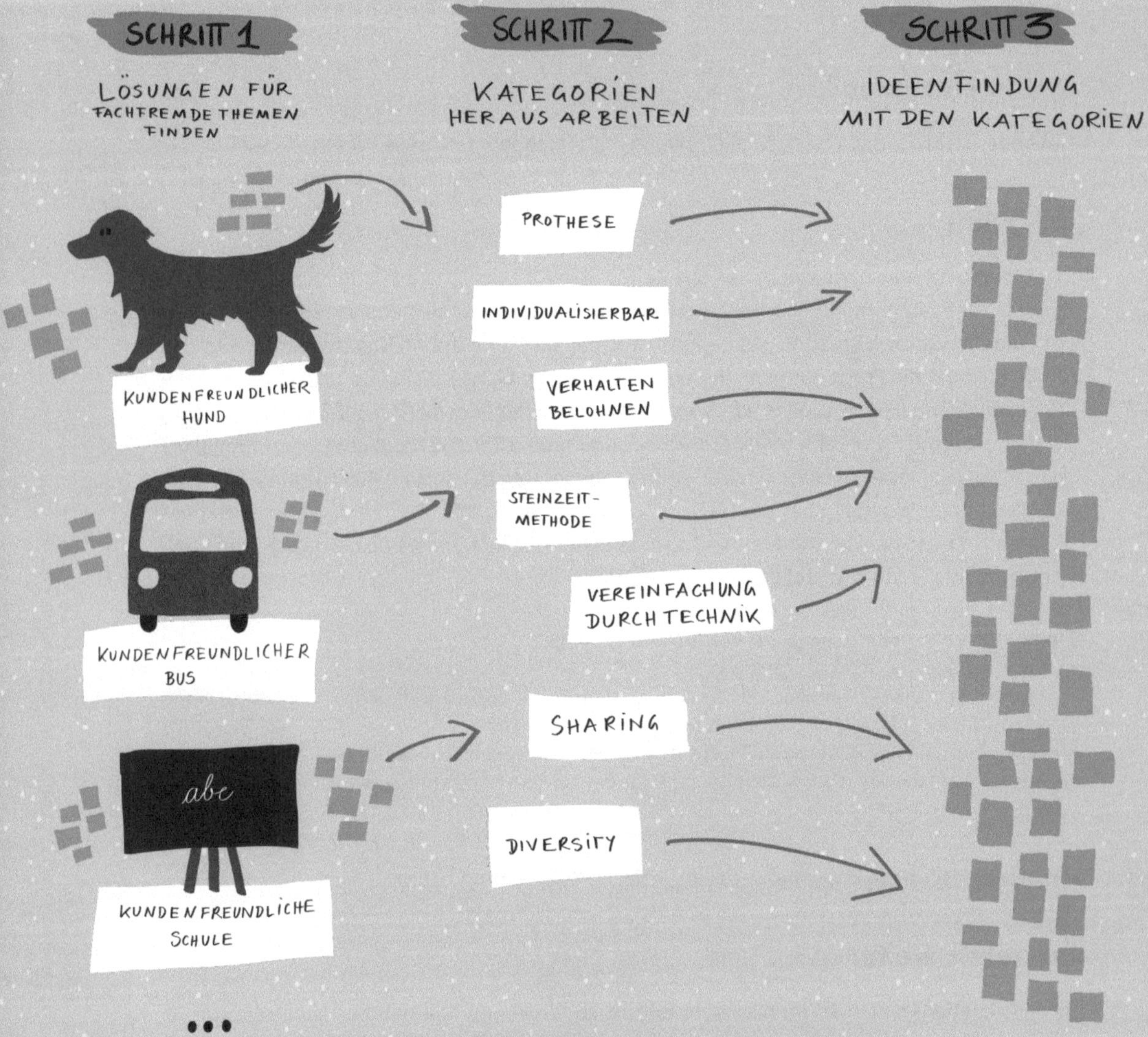
SCHRITT 1
LÖSUNGEN FÜR FACHFREMDE THEMEN FINDEN
SCHRITT 2
KATEGORIEN HERAUS ARBEITEN
SCHRITT 3
IDEENFINDUNG MIT DEN KATEGORIEN
KUNDENFREUNDLICHER HUND
KUNDENFREUNDLICHER BUS
KUNDENFREUNDLICHE SCHULE
abc
PROTHESE
INDIVIDUALISIERBAR
VERHALTEN BELOHNEN
STEINZEIT-METHODE
VEREINFACHUNG DURCH TECHNIK
SHARING
DIVERSITY

# Analogie-Booster

Manchmal wurden zu einem Thema schon unzählige Ideen entwickelt, und die Gruppe ist im bereits Vorhandenen festgefahren. In solchen Fällen ist es gut, mehrstufig vorzugehen und sich zunächst vom Konkreten zu lösen und Kategorien zu entwickeln, mit denen ein anderes, neues Denken möglich wird.

## Wann einsetzen?

Wenn schon mehrere Ideation-Prozesse stattgefunden haben und immer wieder gleiche oder ähnliche Ideen entwickelt wurden. Wenn zum Beispiel von der Unternehmensstrategie unscharfe Ziele vorgegeben werden und die Abteilung festlegen soll, was das für sie – konkret in Maßnahmen gesprochen – bedeutet.

## So geht's

Nehmen wir an, es gäbe eine Vorgabe für die Gruppe, in ihren Ergebnissen und Maßnahmen »kundinnenfreundlicher« zu werden. Dann bezieht man den Begriff der Kundinnenfreundlichkeit zunächst auf völlig fachfremde Themenbereiche (also nicht auf Bankdienstleistungen, wenn es sich um eine Gruppe Bankerinnen handelt). Diese Themenbereiche denkst du dir im Vorfeld des Workshops aus. Es darf und soll dabei ruhig ein wenig absurd werden. Zum Beispiel: Wie machen wir den öffentlichen Transport, Hunde, die Schule, Wohnen, den Zoo, den Job, den Supermarkt, die Geisterbahn kundinnenfreundlicher? Dafür hängst du die entsprechenden Headlines an die Wand (am besten mit Visualisierungen) und im ersten Schritt findet eine Ideation zu diesen Themen statt. An dieser Stelle soll in Luftschlössern also richtig groß und wild gedacht werden (→ siehe S. 103, »Luftschlösser bauen«).

Im zweiten Schritt wird betrachtet, welche übergeordneten Ideen oder Kategorien hinter den gefundenen Ideen stecken. Zum Beispiel: Vereinfachung durch technische Innovation, Zusammenarbeit und Sharing, Back to the Roots, mehr Flexibilität, Hilfsmittel und Prothesen, Inklusion, Verhaltensänderung belohnen und so weiter.

Im dritten Schritt wird wieder eine Verbindung zum ursprünglichen Thema hergestellt, und die Kategorien werden als Ausgangspunkt für die konkrete Ideenfindung verwendet. Wie machen wir unsere Marketingmaßnahmen mithilfe technischer Innovation einfacher? Wie werden wir kundinnenfreundlicher durch Sharing? Durch Inklusion? Indem wir Verhaltensänderung belohnen?

## So geht's weiter

Im Anschluss werden die Ideen bewertet, sortiert und deren Umsetzung beschlossen.

○ auch im Meeting ● auch Remote ○ für Fortgeschrittene

1
3 MIN
PASSEND FÜR ...
GRÖSSER ALS ...
RIESIG
FREIWILLIG
SCHNELL
TEMPORÄR
WIE EIN PIXAR-FILM
VEGAN
EIGENSCHAFTEN
3 EIGENSCHAFTEN AUSWÄHLEN
2
12 MIN
EIGENSCHAFTEN
IDEE
3
3 MIN
IDEE

# 3-12-3-Quickie

Mit dem »3-12-3-Quickie«, bei dem die Zahlen für die Minutenzahl im Prozess stehen, kann man in rund 25 bis 30 Minuten sehr schnell Ideen erzeugen.[39]

## Wann einsetzen?

Um neue Ideen zu entwickeln, wenn es schnell gehen muss, wenn die TN nicht gleich in Lösungen denken sollen. Für Produkt- und Serviceverbesserung. Für Kampagnenideen. Gut innerhalb eines Meetings machbar.

## So geht's

Zunächst wird die Aufgabe, verkürzt auf zwei bis drei Worte, vorgestellt. Zum Beispiel: »Kundenservice verbessern« oder »Sportlernahrung neu denken«. Die Methode setzt sich aus drei Phasen zusammen:

- In **Phase 1** werden Eigenschaften gesammelt, die der Service oder das Produkt haben soll. Die TN schreiben diese Eigenschaften einzeln auf Karten. Hier darf die Latte ruhig hoch gehängt werden. Dann werden Gruppen gebildet, von denen jede Gruppe drei der gerade entwickelten Eigenschaften auswählt.
- In **Phase 2** wird von jeder Gruppe innerhalb von 12 Minuten eine Lösungsidee entwickelt, die den gewählten drei Eigenschaften entspricht.
- In **Phase 3** werden die Ideen innerhalb von je 3 Minuten vorgestellt.

## So geht's weiter

Die Ideen können diskutiert werden und fließen in den Ideenpool ein.

39 Methode basierend auf der gleichnamigen Methode von Dave Gray, Sunni Brown und James Macanufo: *Gamestorming*, Sebastopol 2010

● auch im Meeting ● auch Remote ○ für Fortgeschrittene

STECKBRIEFE
KUNDEN
VERKÄUFER
SITUATION
ROLEPLAY
IDEEN

# Scenario-Brainstorm[40]





## Wann einsetzen?

Wenn es um einen konkreten Servicedialog geht, der analysiert und/oder mit neuen Ideen verbessert werden soll. Für diese Methode brauchst du mindestens vier TN und einen Servicedialog (zum Beispiel ein Verkaufsgespräch bei einem Autohändler), an dem in der Realität mindestens zwei Personen beteiligt sind. Die Art, wie der Servicedialog aktuell standardmäßig geführt wird, ist allen TN bekannt. Zur Not müssen die Unwissenden zuvor eingeweiht werden.

## So geht's

Du hast leere Steckbriefe jeweils für Kunden- und Verkäuferpersönlichkeiten vorbereitet. Im Beispiel »Verkaufsgespräch beim Autohändler« sähe das so aus:

- **Kundensteckbrief:** Name der Person, Alter, Verhältnis zu Autos, persönliche Situation *(Warum will sie ein Auto kaufen?)*, Painpoints *(Was findet sie an Autos schlecht?)*, Needs *(Was erwartet sie von einem Auto?)*, Charaktereigenschaften.
- **Verkäufersteckbrief:** Name, Alter, Verkaufsmotto, Verkaufserfahrung, Charaktereigenschaften.

Jeder TN erhält die zwei Steckbriefformulare zum Ausfüllen. In dieser ersten Runde denken sie sich zwei mögliche Persönlichkeiten aus und beantworten die Fragen stichpunktartig. Wenn im Vorfeld Verkäufer- und Kundenpersonas entwickelt wurden, kann man sich diesen Schritt sparen. Als Alternative kannst du die Steckbriefe auch vorbereiten.

Die Steckbriefe (oder die Personas) kommen auf einen Stapel. Ein TN zieht einen Kundensteckbrief, ein anderer einen Verkäufersteckbrief, und sie verkörpern im Anschluss in einem Rollenspiel die jeweils beschriebene Person im Servicedialog. Als Moderator leitest du mit einer kurzen Situationsbeschreibung das Rollenspiel an. Während des Rollenspiels hören mindestens zwei, besser mehrere TN zu. Ihre Ideen, Beobachtungen und weitere Auffälligkeiten notieren sie auf Post-its. Im Anschluss werden auch die Spieler befragt, ob und was ihnen dabei auf- oder eingefallen ist. Die gleiche Situation wird danach mit anderen Paaren und anderen Steckbriefen durchgespielt, um weitere Ideen zu generieren.

## So geht's weiter

Im Anschluss kommen die Auffälligkeiten und Ideen an die Wand. Es wird diskutiert, welche Verbesserungsoptionen die vielversprechendsten sind. Danach können Ideen für die Umsetzung ausgewählt werden.

---

40 Methode basierend auf der Methode »Rolestorming« von Rick Griggs, beschrieben in: Arthur VanGundy: *101 Activities for Teaching Creativity and Problem-Solving*, San Francisco 2004

○ auch im Meeting ○ auch Remote ○ für Fortgeschrittene

Frage
ANNAHMEN AUFHEBEN
UMKEHR
IDEALFALL
ÜBER-TREIBUNG
VERFÄLSCHUNG
ZUFALL
PROVOKATIONEN
IDEEN

# Provokation!





Die »Provokation« gehört zu den Klassikern der Kreativitätstechniken.[41] Hier wird das Standarddenken aus der Bahn geworfen und der Raum erweitert. Mit »Was wäre wenn …«-Hypothesen werden Problemfelder und Situationen durch fiktive und provokative Sachverhalte hinterfragt und die Gruppe so zu neuen Ideen angeregt.

## Wann einsetzen?

Wenn die Gedanken bei der Ideation festgefahren sind, wenn nichts Neues mehr kommt. Vor allem für kreative Kampagnenideen geeignet. In Gruppen, die mit Absurdität umgehen können.

## So geht's

Die übergeordnete Fragestellung hängt an der Wand und ist allen bewusst. Zum Beispiel: »Wie kommunizieren wir unser neues Altersvorsorgeprodukt?« Im ersten Schritt erzeugen die TN in Kleingruppen provokative Fragen, passend zur Problemstellung. Um eine Provokation zu erzeugen, wird mit folgenden Ansätzen gearbeitet:

- **Annahmen aufheben** (Beispiel: *Was wäre, wenn Menschen nicht altern würden?*),
- **Umkehrung** (Beispiel: *Was wäre, wenn man im Alter immer fitter würde?*),
- **Idealfall** (Beispiel: *Was wäre, wenn Alter einen positiven Ruf hätte?*),
- **Übertreibung** (Beispiel: *Was wäre, wenn wir alle 300 Jahre alt würden?*),
- **Verfälschung** (Beispiel: *Was wäre, wenn wir im Alter die Farbe wechseln würden?*),
- **Zufall** (Beispiel: *Florida – hier wird dem Problem ein zufälliger Begriff zugeordnet*).

Zu jedem Ansatz sollte es im Anschluss mindestens sechs dieser Provokationen geben. Sie werden unter die zentrale Frage an die Wand gehängt. Jetzt findet ein Brainstorming (Brainwriting) mit Post-its statt. Jede TN beantwortet die provokativen Fragen intuitiv und so zahlreich wie möglich in einem kurzen Zeitraum (circa 10 Minuten) und schreibt ihre Antworten auf Post-its. Die Post-its werden danach kommentiert an die Wand geheftet. Jetzt folgt eine zweite Runde, in der die überhöhten Ideen der ersten Runde in die Realität zurückgeführt werden. Die Frage lautet jetzt: »Welche Ansätze könnten wir [für unsere Kampagne] daraus ableiten?«

## So geht's weiter

Im Anschluss wird überlegt, welche Ideen sich für die Umsetzung lohnen.

41 Edward de Bono: *Serious Creativity. Using the Power of Lateral Thinking to Create New Ideas*, New York 1993

Methoden
FÜR
VISION, STRATEGIE &
PLANUNG

»Ein großer Entdecker hat, als man ihn einmal befragte, wie er es anstelle, dass ihm so viel Neues eingefallen sei, darauf geantwortet: indem ich unablässig daran dachte. Und in der Tat, man darf wohl sagen, dass sich die unerwarteten Einfälle durch nichts anderes einstellen, als dass man sie erwartet.«

– *Robert Musil*

Wer ein Projekt mit vielen Stakeholdern plant, sollte eine Zukunftsvision haben, tragfähige Ziele und einen Umsetzungsplan. Darüber hinaus muss Commitment unter den TN erzeugt werden. Das heißt, alle müssen wissen und damit einverstanden sein, wohin es gehen soll und was wie gemacht wird. Die Methoden dieser Kategorie helfen dabei.

VISION
ZIEL
MASSNAHME
MESSWERT

# Vision, Ziele, Maßnahmen, Messwerte





Bevor du das Thema Strategie angehst, solltest du sicherstellen, dass die TN Visionen, Ziele, Maßnahmen und Messwerte unterscheiden können. Das kann sonst zu großen Verwirrungen in der Strategiearbeit führen. Ich habe oft erlebt, dass die Begriffe zum Beispiel in Briefings falsch verwendet werden. »Kundenfreundlichkeit« ist keine Maßnahme, ebenso wenig, wie jeder Satz, der ein »soll« beinhaltet, ein Ziel ist.

## Wann einsetzen?

Als Grundlage in Strategie- oder Roadmapping-Workshops, am besten vor der eigentlichen Arbeit.

## So geht's

Du erläuterst den TN die Begriffe. Am besten anhand eines Plakats.

- **Vision:** Ganzheitliche Vorstellung einer idealen, zukünftigen Situation.
- **Ziel:** Teil dessen, was man erreichen möchte.
- **Maßnahme:** Was man unternimmt, um es zu erreichen.
- **Messwert:** Woran man misst, ob man ein Ziel erreicht hat.

Nach der Erläuterung der Begriffe macht es Spaß, ein kleines Quiz mit etwa 10 bis 15 Aussagen aus branchennahen Briefings mit den TN zu machen. Die TN bekommen von dir eine Liste mit Aussagen (wähle sie so aus, dass auch ein paar dabei sind, die nicht ganz eindeutig sind) und können hinter jeder Aussage ein Kreuzchen machen, ob es sich dabei um eine Vision, ein Ziel, eine Maßnahme oder einen Messwert handelt. Wer alles richtig hat, bekommt eine Tüte Gummibären (oder Ähnliches). Eine kurze anschließende Diskussion, warum was wie eingeordnet wird, ist sinnvoll.

**Tipp:** Verwende zur Erläuterung auf jeden Fall Beispiele aus dem Arbeitsumfeld der TN.

## So geht's weiter

Jetzt kann der inhaltliche Teil des Strategieworkshops beginnen.

○ auch im Meeting ● auch Remote ○ für Fortgeschrittene

Nachrichten aus der Zukunft
SITUATION 1
SITUATION 2
SITUATION 3
Liebes Team,
Liebe X,
Lieber Y,

# Nachrichten aus der Zukunft





Manchmal ist es besser, die kreative Ader der TN anzusprechen, um das komplexe Thema »Ziele und Visionen« anzugehen.

## Wann einsetzen?

Wenn man die Vision für ein Projekt formulieren möchte. Gegebenenfalls, wenn der Eindruck besteht, dass die Ziele noch nicht klar definiert werden können ohne eine vorherige Klärung des eher emotionalen Zustands der zukünftigen Situation.

## So geht's

Der Moderator bereitet eine oder verschiedene Situationen schriftlich vor. Die Karten enthalten eine kurze Situationsbeschreibung wie beispielsweise »Ein Kunde schreibt eine Nachricht an das Unternehmen, in der er sich überschwänglich für die neuen Services bedankt« oder »Der Vorstand schickt eine E-Mail an das Projektteam, in der er zum Ausdruck bringt, warum ihm das Projektergebnis so gut gefällt« oder »Ein Bekannter bei der Konkurrenz schreibt dir eine E-Mail, in der er sich empört darüber äußert, warum eure neuesten Aktivitäten sein Geschäft ruinieren« oder »Ein Kunde beschreibt begeistert dein Produkt auf Instagram.« Dabei ist es wichtig, dass die Beschreibungen möglichst umfassend und konkret werden. Die TN formulieren diese Nachrichten, eventuell in Zweiergruppen, und stellen sie sich gegenseitig vor. Aus den Nachrichten kann extrahiert werden, welche Eigenschaften, Funktionen oder welche Zukunft das Projekt generell haben soll. Die dazugehörenden Stichworte schreibt der Moderator während der Präsentation auf ein Plakat. Aus den Stichworten kann im Anschluss gegebenenfalls bereits eine kleine Vision formuliert werden.

## So geht's weiter

Wenn die Stichworte für eine Vision noch nicht ausreichen, kann mit einer konkreten Fragestellung (→ siehe S. 68, Frage in der Abbildung) nachgefasst werden.

**Tipp:** Bereite Karten mit einem Foto des fiktiven Schreibers und einer kleinen Geschichte vor, die zu der zu bearbeitenden Situation passen. Das macht das Ganze eingängiger.

○ auch im Meeting ● auch Remote ○ für Fortgeschrittene

WARUM?
WAS?
Wie?
WO?
WER?

# In die Zukunft!





Eine Vision entfaltet mehr Kraft, wenn sie nicht nur lesbar ist, sondern auch fühlbar wird. Um die TN vor oder nach der Definition »harter« Ziele einen kreativen Blick in die Zukunft ihres Projekts werfen zu lassen, kannst du sie dazu anregen, ein großes Bild davon zu entwerfen.

## Wann einsetzen?

Wenn die Basisziele – zumindest grob – allen TN klar sind. Gut für 10 bis 15 TN. Wenn eine Visualisierung angemessen ist, zu viel Freiheit die TN jedoch überfordern würde.

## So geht's

Du teilst die TN in fünf Gruppen auf. Jede Gruppe erhält vier große Wolken (oder DIN A4-Blätter), Marker und Farben. An die Wand hast du sehr groß die Skizze einer Landschaft gezeichnet. Du forderst die TN auf, sich gedanklich in die Zukunft nach dem Projektende zu versetzen. Wenn es dir liegt, lässt du sie die Augen schließen und erzählst die folgenden Fragestellungen in ausgeschmückter Form. Die Fragen sollten als Anhaltspunkte auf einem gesonderten Plakat stehen. Jede Gruppe erhält im Anschluss einen dieser Fragenblöcke:

- **Was** ist entstanden? Was gab es nicht, was es heute gibt? Wie war es, als es endlich fertig war?
- **Wo** waren wir am Anfang? Was ist gegangen? Was blieb? Was kam hinzu?
- **Wer** hat dazu beigetragen? Welche Superpowers gibt es im Team? Wer hilft von außen?
- **Warum** gibt es das Neue? Wozu trägt es bei? Wem hilft es? Auf welche Weise?
- **Wie** ist es entstanden? Was habt ihr gemacht? Gab es Hindernisse? Wie war der Weg?

Die TN diskutieren ihre Fragen zunächst in den Gruppen. Danach zeichnet jede Gruppe drei bis vier Wolken als Antworten auf die Fragen, eine Beschriftung mit Stichworten ist erlaubt. Dann werden die Bilder in die große Wandzeichnung eingehängt. Jede Gruppe stellt ihre Ergebnisse vor. Nach der Vorstellung haben die anderen die Möglichkeit, Zeichnungen zu hinterfragen, gegebenenenfalls zu optimieren, und es können ergänzende Kommentare und Zeichnungen auf Post-its hinzugefügt werden. So soll ein ganzheitliches Bild der kommenden Unternehmung entstehen, mit dem am Ende alle weitestgehend einverstanden sind.

## So geht's weiter

Die Vision kann als Basis für die Ziel- oder Ideenfindung genutzt werden.

**Tipp:** Toll ist es, wenn ein Profi das Ganze im Anschluss in eine schicke Zeichnung überführt.

○ auch im Meeting ○ auch Remote ○ für Fortgeschrittene

Zielarten
ÖKOLOGISCH
ZEIT & TERMINE
ZUSAMMEN-ARBEIT
KUNDEN
SALES
BRAND
EFFIZIENZ
SERVICE
STAKEHOLDER
WETTBEWERBER
METHODEN & TOOLS
POLITISCH
ÖKONOMISCH
SOZIAL
TECHNISCH
PERSÖNLICHE MOTIVE
LEISTUNG
SICHERHEIT & RECHT
KOMMUNIKATION
PROZESS
STRATEGISCH

# Zielarten





## Wann einsetzen?

Die »Zielarten« sind keine alleinstehende Methode, sondern lediglich als Inspiration für die Sammlung der Ziele gedacht. Wenn die TN dazu tendieren, nur ihren eigenen fachlichen Fokus zu sehen, kann man sie mit diesem Hilfsmittel dazu anregen, darüber hinaus zu denken. Besser bei gutem Miteinander ohne ausgeprägtes Silodenken: Eine TN aus beispielsweise People and Culture darf in diesem Kontext über Ziele des Vertriebs nachdenken und umgekehrt.

## So geht's

Vor der Sammlung der Ziele hast du ein Plakat aufgehängt (→ siehe in der Abbildung links; die Zielarten müssen auf das jeweilige Umfeld angepasst werden), anhand dessen du kurz die Ziele aus unterschiedlichen Richtungen aufzeigst. Hier geht es darum, den TN die unterschiedlichen, möglichen Herkünfte der Ziele vor Augen zu führen und sie dazu zu bringen, sich auch Gedanken über Bereiche zu machen, in denen sie normalerweise nicht unterwegs sind. Du erläuterst, dass jede das Recht hat, Ziele aus allen Bereichen zu nennen.

Einen besonderen Fokus lege ich auf *persönliche* Ziele und fordere die TN begründet dazu auf, die Karten auf den Tisch zu legen. Denn oft sind es diese starken Ziele, die Projektabläufe behindern. Beispiel: Wenn jemand unbedingt Ende Mai Urlaub machen will, wird sie alles daransetzen, das auch zu tun. Wenn jemandes Vorgesetzte ganz besonders beeindruckt von einer bestimmten Zahl ist, kann es sein, dass die Erreichung dieser Zahl für die TN alle anderen Ziele überschattet. Boni, die für gegenläufige Ziele ausgezahlt werden, sind oft der Grund für die Unterwanderung von Projektzielen. Das Herausarbeiten der persönlichen Ziele klappt nicht immer, aber es ist auf jeden Fall einen Versuch wert.

Auch die Ziele in der Zusammenarbeit sind oft nicht auf Anhieb einleuchtend und sollten erläutert werden. Es geht darum, zu benennen, was sich die TN für die gemeinsame Projektarbeit wünschen. Diese Ziele zu artikulieren und aufzuschreiben, kann eine große Hilfe für das Team sein.

## So geht's weiter

Mit dieser kleinen Vorbereitung kann in die Zielfindung eingestiegen werden.

**Tipp:** Sehr gut sind die »Zielarten« zusammen mit der Visionsfrage (→ siehe S. 68, Frage in der Abbildung) nutzbar.

○ auch im Meeting ● auch Remote ○ für Fortgeschrittene

SINN:
WARUM MACHEN WIR DAS?
ERGEBNIS:
WAS WOLLEN WIR ERREICHEN?
WARUM?
WAS GENAU?
WIE GUT?
FÜR WEN?
MESSWERTE:
WAS IST UNS WICHTIG? WORAN MESSEN WIR UNSERE ERGEBNISSE?
NUTZER:
WER HAT ETWAS DAVON? WAS BRAUCHEN SIE?

# Zielkreuz





Das Zielkreuz ist eine Art Mini-Canvas, mit dem sich das Team schnell die relevanten Ziele des kommenden Projekts vor Augen führen kann. Aus meiner Sicht ist es großartig für den ersten Wurf, allerdings sollten die Inhalte später ergänzt werden.

## Wann einsetzen?

Am Anfang von Projekten. In Kick-off-Meetings. Wenn alle das erste Mal zusammenkommen. Wenn die Situation noch sehr vage ist und erste Klarheit geschaffen werden soll.

## So geht's

Zu Beginn erläuterst du die einzelnen Quadranten:

- **Warum?** Warum wird das Projekt durchgeführt? Was sind die Motivatoren? Welchen Nutzen versprechen wir uns davon?
- **Was genau?** Was soll das Ergebnis sein? Was ist am Ende entstanden? Was ist anders als zuvor?
- **Für wen?** Für wen machen wir das? Was brauchen diese Personen/Institutionen wirklich?
- **Wie gut?** Wann sind wir erfolgreich? Woran messen wir die Ergebnisse und die Qualität?

Du kannst dazu, je nach Anzahl der TN, vier Plakate mit den jeweiligen Überschriften aufhängen oder eines mit dem Zielkreuz (→ siehe Abbildung links). Im ersten Schritt sammeln die TN etwa 12 Minuten lang ihre Antworten auf Post-its. Danach heften sie sie kommentiert auf die Plakate. Im Anschluss wird gemeinsam geclustert und mit Klebepunkten priorisiert. Am Ende können die Post-its nach der jetzt sichtbaren Priorisierung sortiert werden. So entsteht ein gemeinsames Zielbild des Vorhabens.

## So geht's weiter

Die Ziele sind nun grob definiert, später kann eine genauere Definition erfolgen.

● auch im Meeting ● auch Remote ○ für Fortgeschrittene

ZIEL & ZWECK DES PROJEKTS
TEAM & ROLLEN
KUNDEN & STAKEHOLDER
ERGEBNISSE
RESSOURCEN
RISIKEN
QUALITÄTS- & HAPPINESSFAKTOREN
BUDGET
ZEIT & MEILENSTEINE

# Canvasing



Je nachdem, welche Interessen im Raum vertreten sind, kommen bestimmte Dinge zur Sprache. Andere werden weniger beachtet oder sogar ganz vergessen. Deshalb ist es gerade am Anfang von Projekten super, eine vollumfängliche High-Level-Bestandsaufnahme zu durchzuführen – also eine, die nicht zu sehr in die Tiefe geht.

## Wann einsetzen?

Am Anfang, zur Bestandsaufnahme, später um nachzukontrollieren, ob man an alles gedacht hat oder welches Wissen noch fehlt. Oft ist das Canvas die Vervollständigung des Briefings oder der Anforderungen.[42]

## So geht's

Online kursieren Canvases zu allen möglichen Themen. Für mich hat es sich immer am besten angefühlt, wenn ich ein bestehendes Canvas zur Inspiration herangezogen und es ergänzt oder neu kombiniert habe, je nach Projekt oder Schwerpunkt. Wenn man das Instrument öfter einsetzt, entwickelt sich meist ganz von selbst die »richtige« Vorlage.

Am besten druckst du das Canvas sehr (also wirklich sehr!) groß aus oder, besser, zeichnest es auf ein großes Whiteboard. Jetzt bittest du die TN, Post-its für die einzelnen Felder auszufüllen und im nächsten Schritt kommentiert anzuheften. Im Anschluss sollte mittels Diskussion ergänzt, bereinigt und vereinfacht werden, sodass ungefähr in jedem Feld eine ähnliche Tiefe herrscht. TN in Workshops sind oft beeindruckt, wie schnell so eine Bestandsaufnahme vonstattengeht.

## So geht's weiter

In Felder, die noch dürftig oder »aus dem Bauch heraus« befüllt sind (oft zum Beispiel Kundenbedürfnisse), muss noch Recherchearbeit gesteckt werden. Die für das Projekt notwendige Tiefe – zum Beispiel bei der Vision oder den Zielen – muss im Anschluss an diese grobe Definition hergestellt werden.

42 Alexander Osterwalder: *Business Model Generation*, Frankfurt 2011

○ auch im Meeting ● auch Remote ○ für Fortgeschrittene

HOW TO KILL
OUR COMPANY?
1.
2.
3.
4.
5.

# Kill your Company[43]



## Wann einsetzen?

Wenn es darum geht, darüber nachzudenken, welche Maßnahmen das Unternehmen wirklich nach vorn bringen könnten. Eine sehr diverse TN-Gruppe hat große Vorteile: Topmanagement und »junge Wilde« können sich gegenseitig inspirieren. Die Übung dauert mindestens anderthalb Stunden. Alternativ und mit abgeänderten Fragen kann die Methode auch »Kill your Project« oder »Kill your Brand« heißen.

## So geht's

Du stellst den TN folgende Frage: »Du bist eine neue Wettbewerberin, die dein Unternehmen sehr gut kennt und die Absicht hat, dich aus dem Markt zu drängen. Was machst du, um das zu erreichen?« Oder: »Welches (fiktive) Start-up könnte uns durch ein neuartiges Angebot unattraktiv oder überflüssig machen?« Auch möglich: »Welches gesellschaftliche oder technologische Szenario könnte dafür sorgen, dass unser Angebot für viele Kundinnen sinnlos wird?«

Die TN sammeln zunächst aktuelle Schwachstellen des Unternehmens in Bezug auf die Frage – also die Stellen, an denen eine Wettbewerberin angreifen würde, oder die Stellen, die auf andere Art nicht zukunftssicher sind. Der spielerische Charakter dieser Übung sollte besonders dann betont werden, wenn die Verantwortlichen für diese Schwachstellen mit im Raum sitzen.

Im zweiten Schritt wird nach Potenzial sortiert: In welcher der gesammelten Schwachstellen steckt das meiste Potenzial für einen Angriff? Wo ist das Unternehmen am verwundbarsten? Eine oder zwei Schwachstellen werden ausgewählt. Danach wird innerhalb von etwa 45 Minuten unter Zuhilfenahme von Ideation-Methoden wie zum Beispiel dem Brainstorming oder Assoziationstechniken, ein Killer-Produkt oder ein Killer-Service entwickelt, mit dem die ausgewählte Schwachstelle angriffen werden kann. Am Ende dieser Phase erstellen die TN ein Plakat, auf dem die Produkt- oder Servicevision einfach nachvollziehbar dargestellt ist. Das Plakat wird präsentiert.

Danach holst du die TN in die Realität zurück, zum Beispiel so: »Was können wir tun, um zu verhindern, dass ein anderes Unternehmen uns mit dieser Strategie oder mit diesem Produkt angreift?« Auch hier werden Ideen gesammelt und Maßnahmen daraus abgeleitet.

## So geht's weiter

Aus dieser Gegenmaßnahme können Strategie und Umsetzungsplan abgeleitet werden.

---

43 Methode basierend auf Ken Kirsh: *How to kill your company*, Bloomington 2012

○ auch im Meeting ● auch Remote ○ für Fortgeschrittene

Ziele formulieren
PRIORISIEREN
1.
ZUSAMMENFASSEN
ABSTRAHIEREN
WIR WOLLEN
UND
UND
UND
UND
2.
1.
ZIEL
3.
– GEGENWARTSFORM
– POSITIV FORMULIERT
– KEINE VERGLEICHE

# Ziele formulieren





## Wann einsetzen?

Nach Sammlung der Ziele. Die Voraussetzung sind von Dopplungen bereinigte Cluster, die so gebildet wurden, dass jedes Cluster ein übergeordnetes Ziel darstellt.

## So geht's

- **Schritt 1:** Zunächst werden die unter den Clustern liegenden Subziele priorisiert. Dazu erhält jeder TN zwei oder drei Klebepunkte pro Cluster und klebt sie auf die Punkte, die ihm am wichtigsten erscheinen.
- **Schritt 2:** Danach beschäftigen sich die TN – jetzt in 2er- oder 3er-Gruppen – ausgehend von den übergeordneten Clustern mit der ersten Formulierung der Ziele. Sie sollen zunächst einen sehr langen, ruhig noch ungelenken Satz (oder sogar mehrere) mit der Vorgabe bilden, alle darunterliegenden Ziele darin zu vereinen.
- **Schritt 3:** Dann werden die Sätze in der großen Gruppe vorgestellt und in einer Diskussion eventuell ergänzt. Im Anschluss wird – wieder in den Gruppen – abstrahiert: Wo können wir zusammenfassen? Was ist zu detailreich? Was kann man weglassen, ohne den Sinn zu verlieren? In dieser Phase entsteht ein vereinfachter Satz.

Gute Zielformulierungen beschreiben einen Zustand der Zukunft in der Gegenwartsform (»Wir haben die App X fertiggestellt«). Sie sind positiv formuliert (statt »Wir wollen weniger fliegen«, lieber »Wir fahren zu 90 Prozent mit der Bahn«) und ziehen keine Vergleiche (statt »Mehr Umsatz als«, lieber »Umsatz X«). Ich bin keine Freundin von SMART-Zielen[44] denn man kann dadurch eine Tendenz zu unnötiger Quantifizierung entwickeln, aber für viele ist diese Form der Zielformulierung sehr hilfreich.

**Achtung:** Die untergeordneten Ziele nicht wegwerfen. Sie dienen – ordentlich formuliert – später als Subziele, die das übergeordnete Ziel präzisieren.

## So geht's weiter

Die Ziele werden final formuliert, aufbereitet und gemeinsam mit den Subzielen und den Maßnahmen jedem Projekt-TN zur Verfügung gestellt. Aus den Zielen können je nach Umfeld auch KPIs oder OKRs abgeleitet werden. In späteren Projektphasen kann nachkontrolliert werden, ob man sich noch entlang der Ziele bewegt oder – dann hoffentlich begründet! – eben nicht.

---

44 Nach der SMART-Zielformel sollen Ziele **S**pecific, **M**easurable, **A**chievable, **R**easonable und **T**ime-Bound sein. Bekannt gemacht wurde diese Formel durch Peter Drucker und George T. Doran.

0
1
2
ERFÜLLT ZIEL NICHT
ERFÜLLT ZIEL OK
ERFÜLLT ZIEL SEHR GUT
MASSNAHMENIDEE:
ZIEL 1:
ZIEL 2:
ZIEL 3:
ZIEL 4:
ZIEL 5:
ZIEL 6:
ZIEL 7:
x 2
x 1,5
x 1,5
x 1
x 1
x 1
x 1
= 2
= 5
= 0
= 1
= 1
= 2
= 1
12
SUMME
5
ZIELERFÜLLUNG:
AUFWAND: 1 2 3 4 5
1 2 3 4 5
>70d
50-70d
30-50d
10-30d
<10d
AUFWAND
ZIELERFÜLLUNG
5
10
15
20

# Maßnahmenbewertung





## Wann einsetzen?

Wenn du Maßnahmenideen nach potenzieller Zielerfüllung bewerten willst. Gut bei heterogenen Gruppen, in denen eine Objektivierung beziehungsweise Quantifizierung dieser Bewertung sinnvoll erscheint. Voraussetzungen: gemeinsam entwickelte, final formulierte Ziele und wohldefinierte Maßnahmenideen zur Erfüllung dieser Ziele. Du brauchst Zeit, um den erforderlichen Fragebogen zu entwerfen und auszudrucken, deshalb empfehle ich einen Folgetermin nach der Ideation oder – wenn du schnell bist – nutze die Mittagspause. Diese Methode wirkt komplizierter, als sie ist.

## So geht's

Mit dem Fragebogen (→ siehe Abbildung links) bewerten die TN, wie gut die jeweilige Maßnahme – ihrer Meinung nach – die definierten Ziele erfüllt. Falls bestimmte Ziele wichtiger sind als andere, kannst du optional einen Gewichtungsfaktor hinzufügen.

Du teilst die TN in kleine Gruppen auf und gibst jeder Gruppe einen Stapel dieser Bögen. Bei 50 Maßnahmenideen und 5 Gruppen nimmt sich jede Gruppe 10 Ideen von der Wand und füllt einen Bogen für je eine Idee aus. Im oberen Feld wird der Titel der Idee und eine Beschreibung eingetragen. Darunter wird die Maßnahme entlang der Ziele bewertet. Die Gruppe muss sich dabei jeweils auf einen Wert einigen. Am Ende wird die Summe errechnet.

Ein zweites Bewertungskriterium ist der geschätzte Aufwand für die Maßnahme. Du musst im Vorfeld eine für das Projekt sinnvolle Einteilung der Skala entwickeln und eintragen. Auch hier kreuzt die Gruppe an, wo sie die Maßnahmenidee einordnen würde. Am Ende stehen dort zwei Zahlen, eine repräsentiert die Zielerfüllung, eine den Aufwand. Im Anschluss werden die Maßnahmenideen entsprechend dieser Zahlen in eine Matrix an der Wand eingeordnet. Die Achsen der Matrix heißen »Zielerfüllung« (von 0 bis zur maximal möglichen Summe) und »Aufwand« (von 1 bis 5; 5 = niedrigster Aufwand). Nach der Einordnung hängen die »besten« Maßnahmen (höchste Zielerfüllung, niedrigster Aufwand) rechts oben.

**Tipp:**
- Das Ausfüllen der Fragebögen kann auch als »Hausaufgabe« mitgegeben werden.
- Um weniger Platz in der Matrix einzunehmen, können die Bögen gefaltet werden. Die Matrix muss dennoch sehr groß sein.
- Achtung: Wichtige Wartungsaufgaben, strategische Aufgaben oder die Herstellung von Grundlagen müssen separat bewertet werden. Sie passen nicht in dieses Raster.

## So geht's weiter

Von der Matrix geht es nun zur »Kollaborativen Roadmap« (→ siehe S. 233).

○ auch im Meeting ○ auch Remote ○ für Fortgeschrittene

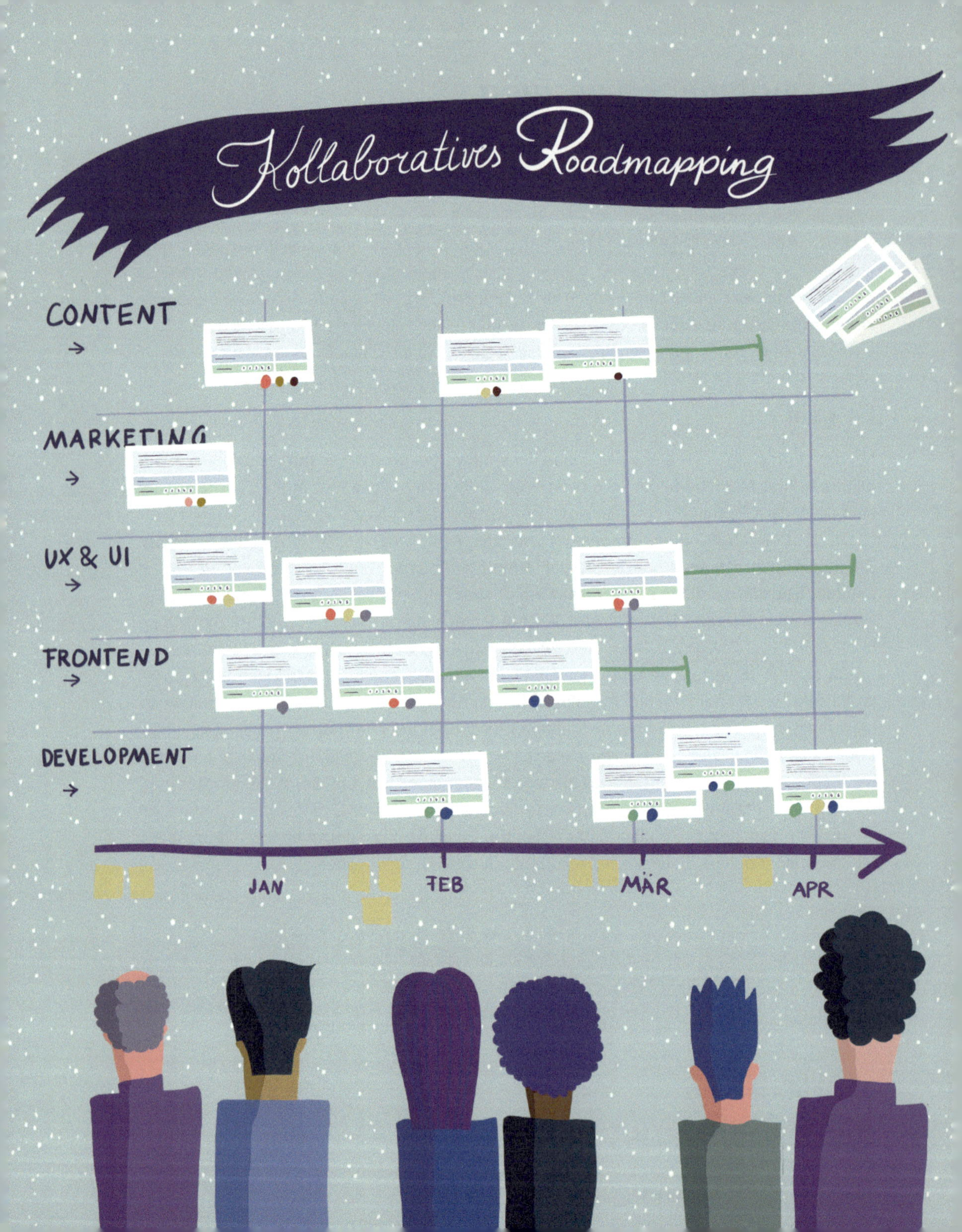
Kollaboratives Roadmapping
CONTENT
MARKETING
UX & UI
FRONTEND
DEVELOPMENT
JAN
FEB
MÄR
APR

# Kollaboratives Roadmapping

Mit dieser Methode entwirft man einen Umsetzungsplan für die kommenden Monate. Die Methode ist *messy*, es entsteht ein riesiges Durcheinander, und es bleiben immer ein paar Klärungsfragen offen, aber am Ende hat man eine grobe, gemeinsam abgestimmte Planung, die im Anschluss verfeinert werden kann.

## Wann einsetzen?

Wenn die Roadmap für das kommende Projekt abgestimmt mit allen Anwesenden entstehen soll. Nach der Maßnahmenbewertung, ausgehend von der Bewertungsmatrix (→ siehe S. 231, »Maßnahmenbewertung«). Alternative Voraussetzung: alle Maßnahmen mit Titel und Beschreibung auf Post-its notiert.

## So geht's

Du benötigst eine sehr große, glatte Wand. Ich empfehle etwa 2 × 5 Meter. Mit Washi-Tape klebst du das Diagramm (→ siehe Abbildung links) an die Wand. Auf der X-Achse zeichnest du die Monate ein. Wenn du nach Gewerken, Teams oder Abteilungen sortieren möchtest, teilst du die Y-Achse in ebendiese ein. Als Erstes kannst du die Projekt-TN nach Feiertagen, Urlauben und anderen Verpflichtungen fragen, die schon geplant sind, und markierst diese unter der X-Achse mit Post-its. Danach forderst du die TN – eingeteilt in Gruppen – auf, Maßnahmen aus der Matrix an die passende Stelle in der Roadmap zu hängen, beginnend mit den Matrixmaßnahmen oben rechts. Maßnahmen, bei denen es noch offene Punkte gibt *(Machen? Rechtliche Fragen? Technische Fragen?)*, werden neben die Roadmap gehängt. Bei der gemeinsamen Erstellung der Roadmap wird es meist chaotisch und unübersichtlich, aber es beginnt eine lösungsorientierte Diskussion, und nach und nach entsteht eine gut lesbare Übersicht des kommenden Projekts.

**Tipps:** Du kannst jeder TN eine Farbe zuordnen und entsprechende Klebepunkte verteilen. Mit diesen Klebepunkten markieren die TN, an welchen Maßnahmenumsetzungen sie beteiligt sind. Die jeweils Verantwortliche umkreist ihren Klebepunkt mit einem schwarzen Marker. Falls sich eine Umsetzung über einen längeren Zeitraum erststreckt, kann das Blatt mit Washi-Tape »verlängert« werden.

## So geht's weiter

Ermögliche im Anschluss eine Diskussionsrunde, in der Fragen geklärt werden können. Die Roadmap wird nach dem Workshop zum Projektplan verfeinert oder dient als Basis für weitere Planungen.

○ auch im Meeting ○ auch Remote ○ für Fortgeschrittene

# BEWERTUNGS- & PRIORISIERUNGS Methoden

»Die Basis jeder gesunden Ordnung
ist ein großer Papierkorb.«

– *Kurt Tucholsky*

Ordnung herstellen, Übersicht schaffen, Meinungen und Einstellungen sichtbar machen, Konsens finden: Ganz häufig müssen in Workshops Entscheidungen gefällt werden. Die folgenden Tools erleichtern diesen Schritt.

10
9
8
7
6
5
4
3
2
1
effizient
resilient
fun
vernetzt

# Bewertung auf einer Skala





## Wann einsetzen?

Man kann mit dieser Methode weiche Faktoren auf einer einfachen Skala (Likert-Skala[45] oder unipolare Skala) bewerten lassen. Das können Werte, Eigenschaften oder Kompetenzen sein, zum Beispiel: Wie transparent sind wir? Wie gut kommunizieren wir? Es ist aber auch möglich, damit Thesen zu bewerten oder Einschätzungen abzufragen. Zum Beispiel: Wie bewertest du die Aussage »Wir haben gemeinsam schon viel erreicht« auf einer Skala von 1 bis 10?

## So geht's

Im Vorfeld des Workshops hast du die Aussagen oder Thesen formuliert und auf Karten oder große Post-its geschrieben. Sie sollten so gewählt sein, dass die TN mit den Ergebnissen anschließend gut weiterarbeiten können. In der Abbildung links sind nur vier davon zu sehen, du kannst aber beliebig viele aufhängen. Eine Skala ganz links vervollständigt das Bild. Bei größerer Anzahl der Karten sollte sie mittig oder rechts wiederholt werden. Zusätzlich kannst du eine horizontale Mittellinie mit Washi-Tape zur Orientierung anbringen.

Im Workshop erhält jeder TN so viele Klebepunkte, wie Karten an der Wand hängen. Wähle die Zeit für die Bewertung knapp, denn Intuition ist bei dieser Übung gut. Die Farbe der Klebepunkte sollte für alle gleich sein, sodass man nicht erkennt, wer was geklebt hat. Die TN kleben nun die Punkte gemäß ihrer Einschätzung an die Wand.

## So geht's weiter

Schaut euch gemeinsam die Wand an. Wo gibt es Ausrutscher? Wo kommt es zu Ballungen ganz unten? Wo ganz oben? Definiert, wo die brennenden Fragen liegen oder die wichtigsten Anliegen. An diesen Stellen wird weitergearbeitet, zum Beispiel, je nach Zweck, mit Ideation-Methoden oder mit »Talk the Talk and Walk the Walk« (→ siehe S. 185).

45 Die Likert-Skala kommt aus der Quantitativen Sozialforschung.

● auch im Meeting ● auch Remote ○ für Fortgeschrittene

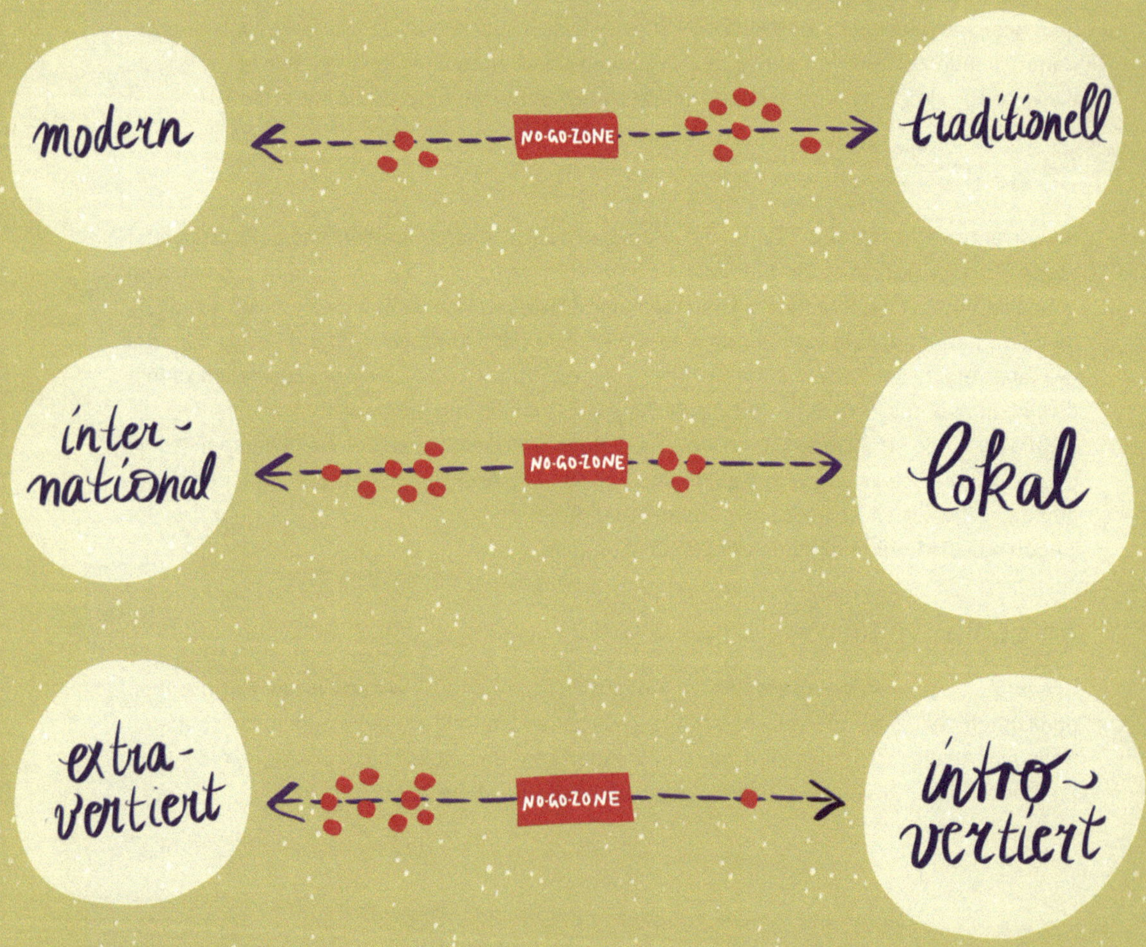

modern
NO-GO-ZONE
traditionell
inter-national
NO-GO-ZONE
lokal
extra-vertiert
NO-GO-ZONE
intro-vertiert

# Polaritätsprofil





## Wann einsetzen?

Wenn es darum geht, die Eigenschaften einer Marke oder eines Produkts festzulegen und Tonalitäten für spätere Text- oder Bildwelten zu definieren, ist die Einordnung zwischen zwei Extremen (semantisches Differential[46] dargestellt als Polaritätsprofil) das Mittel der Wahl. Aber auch, wenn man die ideale Art der Zusammenarbeit in einem Unternehmen gemeinsam definieren möchte, kann mit diesem schlichten Tool sehr gut visualisiert werden, wo man sich auf der Achse zwischen zwei Extremen befindet beziehungsweise sich befinden möchte.

## So geht's

Je nach Zeitbudget und Intention werden die Gegensatzpaare entweder in der Vorbereitung von der Moderatorin entwickelt oder während des Workshops in der Gruppe festgelegt. Je nach Gruppenstärke ist bei Letzterem einiges an Zeit einzukalkulieren, darum bevorzuge ich die Vorbereitung. Dabei sollte darauf geachtet werden, dass beide Pole positiv formuliert werden.

Die Gegensatzpaare hängen nebst ihren horizontalen Achsen an der Wand, und die TN werden aufgefordert, ihre Einschätzung per Klebepunkt abzugeben. Ich empfehle, mittig auf der Achse eine No-Go-Zone einzurichten, denn viele Menschen tendieren bei Unsicherheit zur Mitte und die No-Go-Zone zwingt zur Entscheidung. Am Ende hat man ein Bild der Gruppeneinschätzung, die durchaus sehr heterogen ausfallen kann.

## So geht's weiter

Das Ergebnis dient als Basis für Tonalitätskonzepte, Markenbilder, Arten der gewünschten Zusammenarbeit und so weiter.

**Tipp:** Gegensätzliche Pole können auch für die Definition von Bildwelten eingesetzt werden. Hierzu bereitet man etwa 100 Bilder in ähnlichen Größen vor und fordert die TN auf, diese auf einer einzigen Achse zwischen »Das sind wir!« und »Das sind wir nicht!« anzuheften. Hier sollte man Gruppen mit je zehn Bildern ausstatten, diese werden 10 Minuten lang diskutiert und dann kommentiert angehängt. Die Begründung ist dabei ebenso wichtig wie das Bild selbst. Deshalb sollte die ausführende Designerin unbedingt anwesend sein. Auch hier empfiehlt sich die No-Go-Zone.

46 Das Semantische Differenzial, die Grundlage dieser Methode, wurde als Verfahren zur quantitativen Analyse affektiver Wortbedeutungen in der Psychologie entwickelt: Charles Osgood, George Suci und Percy Tannenbaum: *The measurement of meaning*, champaign 1957

● auch im Meeting ● auch Remote ○ für Fortgeschrittene

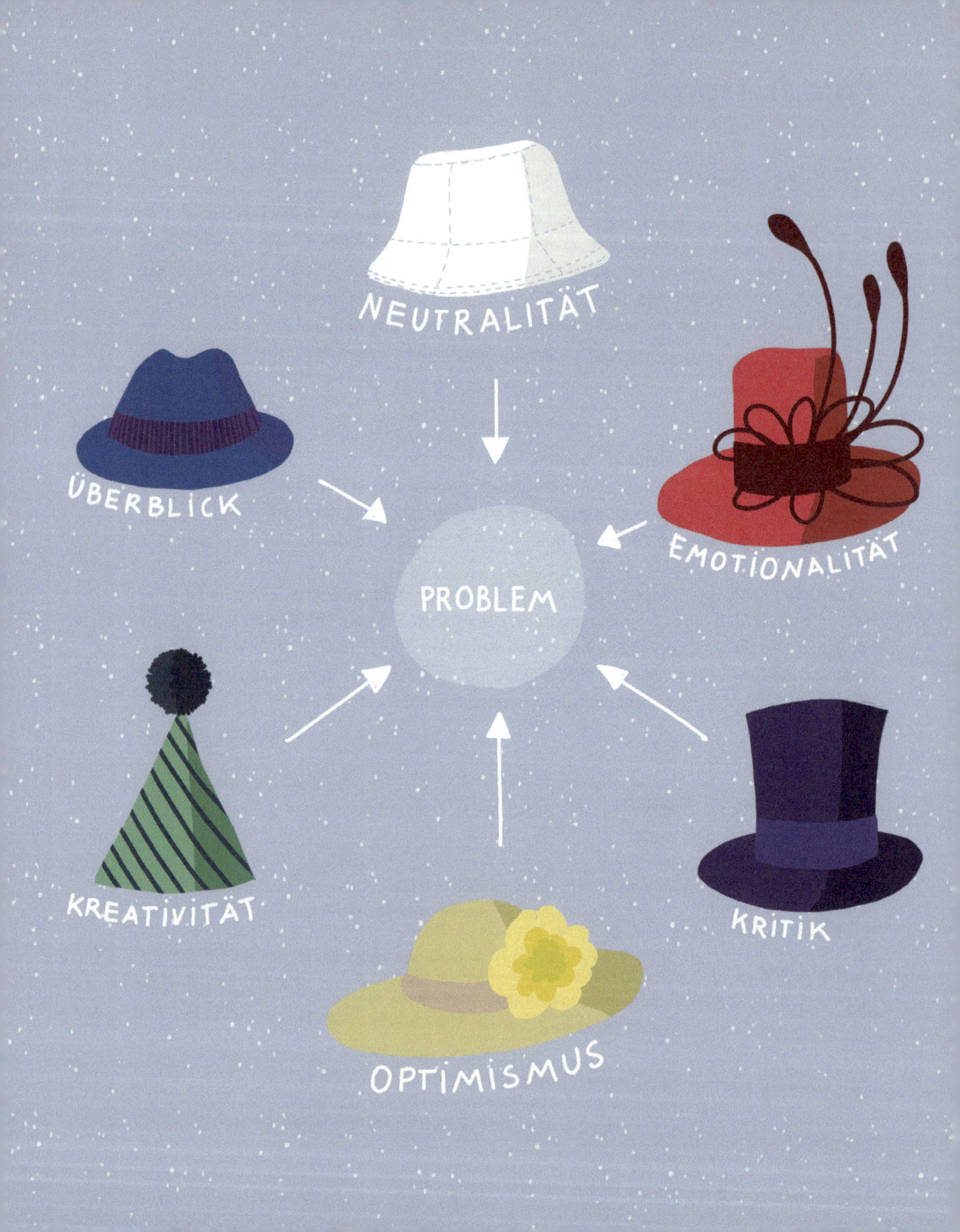
NEUTRALITÄT
ÜBERBLICK
EMOTIONALITÄT
PROBLEM
KREATIVITÄT
KRITIK
OPTIMISMUS

# Denkhüte





Die Denkhüte sind im Grunde genommen eine Rollenspielmethode. Dabei nehmen die TN vordefinierte Perspektiven ein, um Ideen zu generieren oder Ideen zu beurteilen. Die Methode macht gleichzeitig diese Perspektiven bewusst und zeigt den TN, dass alle diese Denkrichtungen valide und sinnvoll sein können.[47] Ich persönlich finde die Methode besser zur Abwägung als zur Ideation.

## Wann einsetzen?

Man kann unter Zuhilfenahme der Hüte Ideen, Probleme oder Maßnahmen generieren, diskutieren oder bewerten. Sechs TN sind ideal, bei mehr TN gibt es Zuhörer, bei doppelter Anzahl können die unterschiedlichen Perspektiven von zwei Personen eingenommen werden.

## So geht's

Du hast entweder sechs verschiedenfarbige Hüte, Sonnenbrillen, Karten oder Ähnliches. Der Moderator erklärt, was die Farben der Hüte bedeuten:

- **Weißer Hut**: analytisches Denken, Tatsachen, urteilsfrei
- **Roter Hut:** subjektives Denken, Meinung, Emotionalität, Gefühle, Ängste, Freude, Zweifel, auch Diffuses
- **Schwarzer Hut:** kritisches Denken, Risiken, Probleme, Pessimismus
- **Gelber Hut:** optimistisches Denken, Best-Case-Szenarios, Was-wäre-wenn?
- **Grüner Hut:** kreatives Denken, konstruktiv, Ideen, kreative Alternativen, Provokation zu neuem Denken
- **Blauer Hut:** ordnendes Denken, moderierend, zwischen Positionen vermittelnd, Big Picture

Jetzt wählt entweder jeder TN einen der Hüte oder du verteilst sie zufällig oder absichtlich an bestimmte Personen. Anschließend werden Ideen, Probleme oder Maßnahmen aus den verschiedenen, vorgegebenen Perspektiven besprochen. Der Moderator protokolliert stichwortartig – am besten in den Farben der Hüte. Bei zu starker Rollenübertreibung muss moderierend eingegriffen werden.

## So geht's weiter

Am Ende können die Hüte abgenommen und gegebenenfalls Entscheidungen gefällt werden.

---

47 Edward de Bono: *Six Thinking Hats*, New York 1999

BET ~ COST ~ MATRIX
COST
BET
MACHEN
LASSEN
ABWÄGEN

# Bet-Cost-Matrix

## Wann einsetzen?

Der Erfinder, Hias Wrba, nutzt die Matrix, um Epics und User Stories im UX-Prozess einzuschätzen. Aber man kann damit ebenso gut Ideen nach der Ideenfindung bewerten – am besten nach einer bereits erfolgten Vorauswahl.

## So geht's

Die Ideen sind aus der vorangegangenen Ideenrunde auf Post-its notiert. Die Matrix hängt an der Wand. Eine Achse stellt die geschätzten Kosten (*Cost*) der jeweiligen Ideenumsetzung dar, eingeteilt in echte »Werte«, wie zum Beispiel Haus, Auto, Monatsgehalt, Urlaub, Eis (in Bayern wahlweise: Bier). Die andere Achse stellt die persönliche Erfolgschanceneinschätzung der Idee seitens der TN dar, wie viel sie also der jeweiligen Idee zutraut. Die Post-its mit den Ideen werden an die TN verteilt. Es ist von Vorteil, wenn die TN ihre eigenen Ideen beurteilen, das ist aber nicht zwingend nötig. Die Fragen an die TN lauten:

- **Cost:** Wie hoch schätzt du die Kosten und den Aufwand für das Projekt oder die Maßnahme ein?
- **Bet:** Was verwettest du persönlich, also dein eigenes Haus oder dein eigenes Monatsgehalt, wie die Erfolgschancen dieser Idee stehen?

Der Wetteinsatz persönlicher Werte führt zu konservativeren oder realistischeren Einschätzungen, was hier durchaus gewünscht ist. Rechts oben befinden sich nach Fertigstellung die Ideen, die tendenziell direkt umgesetzt werden können, links unten die Ideen, die im Vergleich zu ihrer geschätzten Wirkung eher zu aufwändig sind. Im mittleren Bereich sollte man nochmal abwägen.

## So geht's weiter

Das Ergebnis liefert einen tollen Überblick über Chancen und Aufwände. Im Anschluss können die TN die Matrix verfeinern, oder es kann direkt entschieden werden, was umgesetzt wird.

● auch im Meeting ● auch Remote ○ für Fortgeschrittene

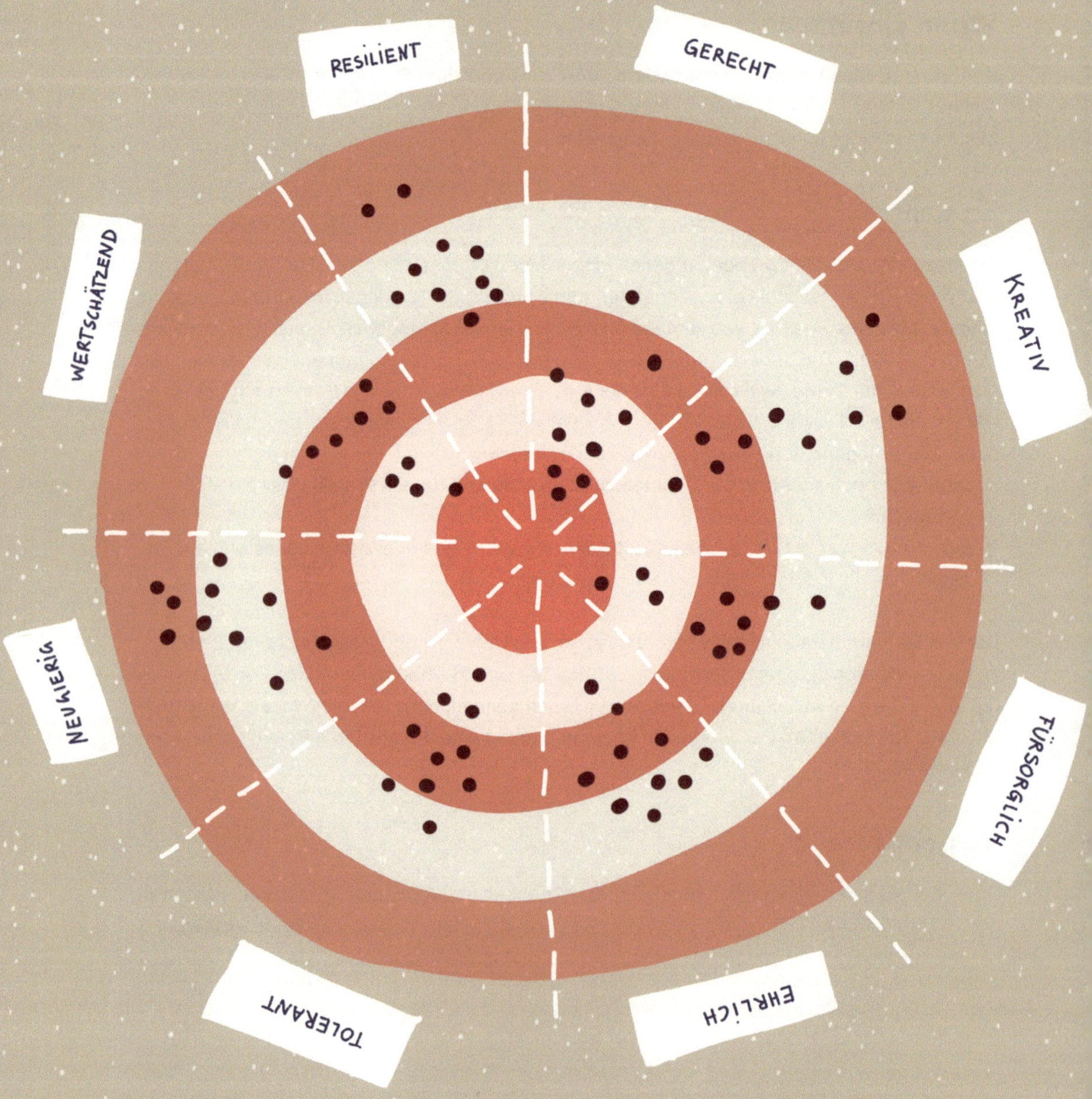

RESILIENT
GERECHT
KREATIV
FÜRSORGLICH
EHRLICH
TOLERANT
NEUGIERIG
WERTSCHÄTZEND

# Evaluationszielscheibe

## Wann einsetzen?

Wenn es um die Evaluation weicher Faktoren, etwa um Werte, geht. Man kann die Evaluationszielscheibe jedoch auch bei mehr oder weniger weichen Aussagen und Hypothesen verwenden (zum Beispiel: »Wir kommunizieren transparent«) und so den gefühlten Status der Gruppe abfragen.[48]

## So geht's

Wenn zum Beispiel im Unternehmen eine Wertedefinition stattgefunden hat, kann mit der Zielscheibe nachgefragt werden, inwiefern die Gruppe die Werte bereits als »gelebt« oder eher »in Arbeit« sieht. Bei Werten sollte den TN eine weiterführende Definition des Wortes bekannt sein, also eine Beschreibung, was dieser Wert für das Handeln der Gruppe bedeutet.

Du hast eine Zielscheibe auf ein großes Plakat gezeichnet und in Segmente aufgeteilt. Am oberen Rand jedes Segments platzierst du je einen Wert (oder ein Ziel) auf einem großen Post-it. Jetzt verteilst du Klebepunkte (Anzahl der Punkte = Anzahl der Segmente) und forderst die TN auf, ihre Punkte – je nach persönlicher Einschätzung – in die Segmente zu kleben. Die Frage lautet zum Beispiel: »Wie stark wird dieser Wert bei uns gelebt?« Dabei bedeutet der innere Kreis 100 bis 80 Prozent Erfüllung, der äußere 20 bis 0 Prozent. Aufgrund dieser praktischen Aufteilung empfehle ich die Verwendung von fünf Kreisen.

Am Ende hat man eine gute Übersicht über die Einschätzung der Gruppe. Wenn die Zielscheibe aufbewahrt wird und man nach einem bestimmten Zeitraum die Evaluation wiederholt (nicht auf demselben Blatt, sondern auf einem neuen, da sich die TN von den alten Bewertungen beeinflussen lassen), kann man damit auch die Fortschritte in der gefühlten Werterfüllung messen.

**Tipp:** Um einen großen, nicht allzu buckligen Kreis zu zeichnen, empfiehlt es sich, zunächst vier, dann acht Kreispunkte im gleichen Abstand vom Mittelpunkt einzuzeichnen, dann ein paar Schritte zurückzugehen und zu kontrollieren, ob der Abstand ungefähr stimmt. Wenn ja, können die Punkte jetzt mit einem Schwung verbunden werden.

## So geht's weiter

Wenn die Abstimmung nicht anonym sein soll, ist es im Anschluss gut, ein paar Fragen zu stellen. Wer hat bei seiner Einschätzung von Wert X 100 Prozent geklebt? Wer 0 Prozent? Warum?

---

48 Methode basierend auf Christoph Burkhard und Gerhard Eikenbusch: *Praxishandbuch Evaluation in der Schule*, Mannheim 2000

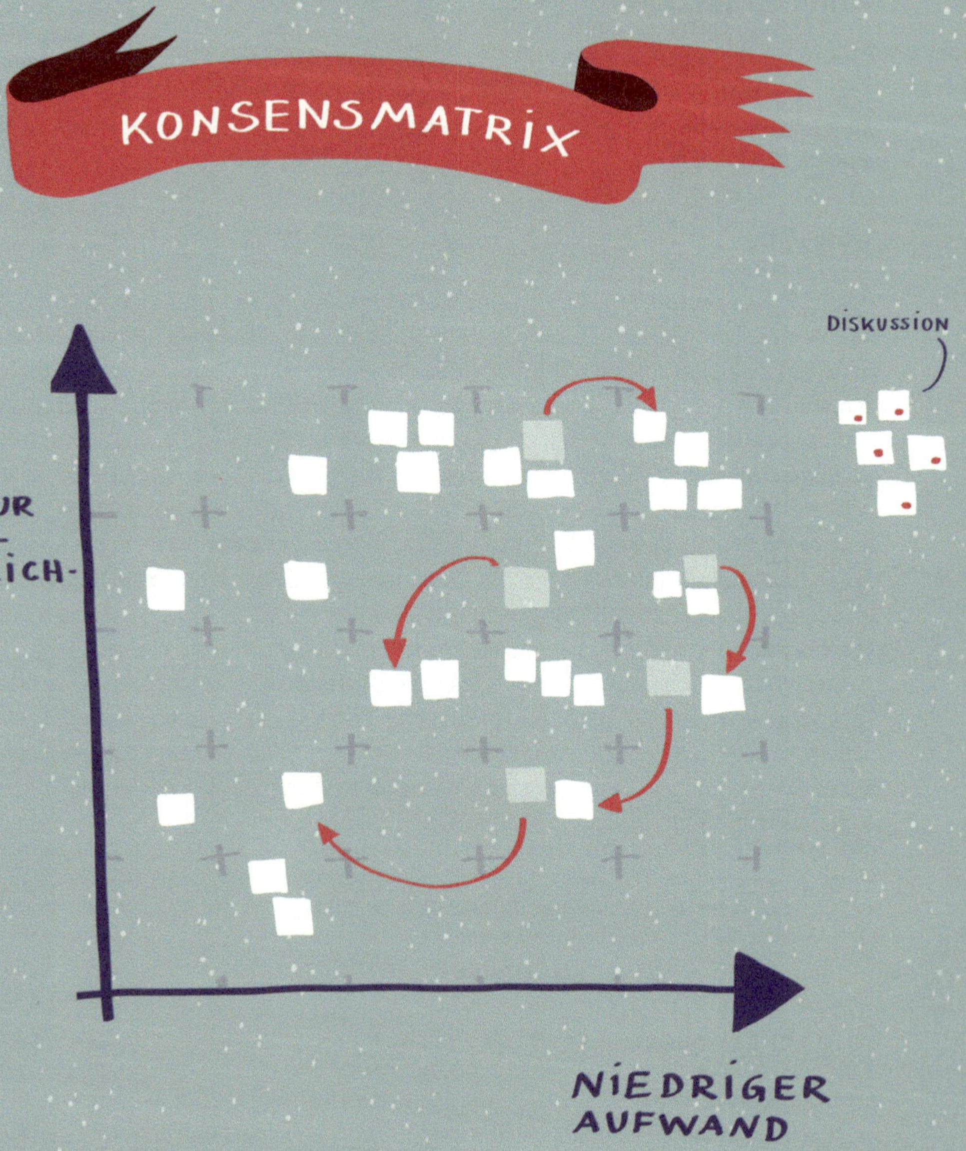
KONSENSMATRIX
DISKUSSION
TRÄGT ZUR KUNDEN-FREUNDLICHKEIT BEI
NIEDRIGER AUFWAND

# Konsensmatrix[49]





## Wann einsetzen?

Wenn es eine abgestimmte Bewertung sein soll, nicht nur eine Mehrheitsentscheidung. Bei Punktebewertungen erhalten einige Ideen keine Punkte und gehen dadurch verloren. Hier werden alle Ideen bewertet.

## So geht's

Nehmen wir an, es geht um die Bewertung von Maßnahmenideen aus einem Ideation-Workshop. Die TN oder die Moderatorin wählen zwei relevante Bewertungskategorien aus, zum Beispiel: »Trägt zu mehr Kundenfreundlichkeit bei« und »Aufwand und Machbarkeit«. Diese beiden Kategorien werden nun als Koordinatensystem an die Wand gezeichnet. Hierbei muss wirklich sehr viel Platz eingeplant werden. Auf Wunsch können die Zwischenstufen Titel erhalten, für »Aufwand und Machbarkeit« beispielsweise: nicht machbar, mehr als 100 PT Aufwand, mehr als 50 PT Aufwand, mehr als 15 PT Aufwand, weniger als 15 PT Aufwand.

Nun wird das Team in kleine Gruppen (2 oder 3 TN) aufgeteilt, und jede Gruppe erhält einen Stapel Post-its, auf denen die Maßnahmenideen notiert sind. Diese werden nun in die Matrix eingehängt, wobei die jeweiligen Positionen in der Kleingruppe diskutiert werden. Wenn alle Karten hängen, bekommt das gesamte Team die Gelegenheit zur Korrektur. Jede Karte wird vorgestellt und kann von der Gesamtgruppe umgehängt werden. Karten, bei denen Dissens entsteht, werden markiert (zum Beispiel mit Punkt oder Kreuz) und im Anschluss an diese Phase diskutiert, bis sie an einer Stelle hängen, auf die sich alle einigen können. Wenn bei Ideen viel Diskussionsbedarf herrscht, ist dem Team in der Regel die daraus resultierende Aufgabe nicht ganz klar. Mit dieser Methode haben sie zudem die Möglichkeit, diese Fragen zu klären.

## So geht's weiter

Die Matrix stellt nun ein abgestimmtes Bild für die beiden relevanten Kategorien dar. Die besten Ideen (hier also die kundenfreundlichsten Ideen, die mit dem geringsten Aufwand erstellt werden können) bündeln sich in der oberen, rechten Ecke der Matrix. Nun kann entschieden werden, welche Ideen wann umgesetzt werden sollen und wer sich darum kümmert.

49 Methode basierend auf der Methode »Magic Estimation« in Boris Gloger: *Wie schätzt man in agilen Projekten - oder wieso Scrum-Projekte erfolgreicher sind,* München 2014. Bei Gloger wird die Methode im Scrum-Prozess einsetzt.

● auch im Meeting ● auch Remote ○ für Fortgeschrittene

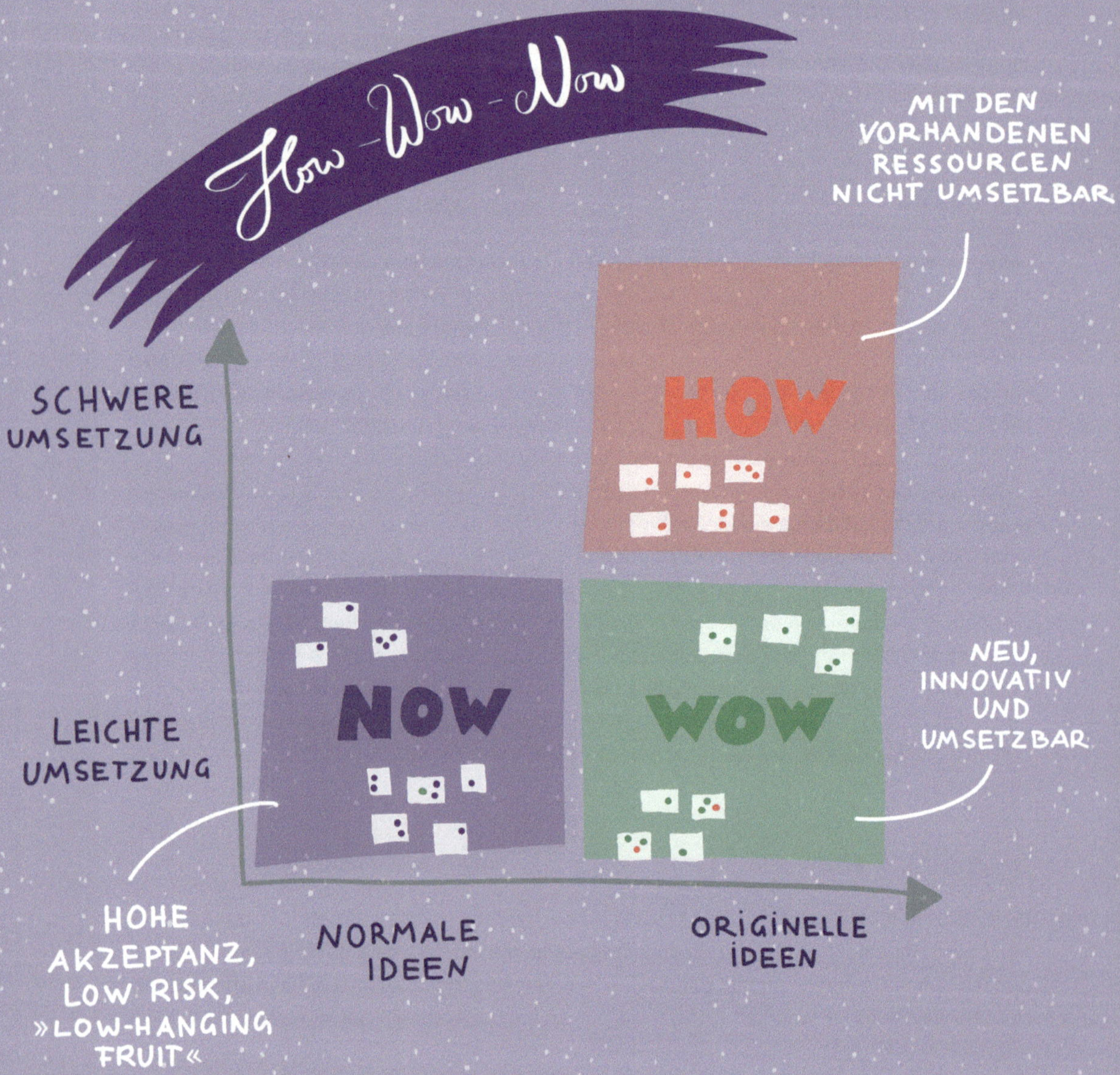
How-Wow-Now
MIT DEN VORHANDENEN RESSOURCEN NICHT UMSETZBAR
SCHWERE UMSETZUNG
HOW
LEICHTE UMSETZUNG
NOW
WOW
NEU, INNOVATIV UND UMSETZBAR
HOHE AKZEPTANZ, LOW RISK, »LOW-HANGING FRUIT«
NORMALE IDEEN
ORIGINELLE IDEEN

# How-Wow-Now-Matrix[50]



## Wann einsetzen?

Nach Ideation Sessions zur Kategorisierung der Ideen. Gut geeignet für überpragmatische Gruppen, die große und (vorerst) unrealistische Ideen nicht ausreichend wertschätzen.

## So geht's

Nach der Ideation hängen in der Regel viele ungeordnete Ideen an der Wand. Dopplungen sollten entfernt werden. Jetzt erklärst du das Schaubild, das du daneben platziert hast: Die vertikale Achse stellt die Komplexität der Umsetzung dar (leicht versus schwer), die horizontale Achse die Originalität von Ideen (normal versus originell). Der linke obere Quadrant bleibt leer, denn eher langweilige Ideen, die nur schwer umgesetzt werden können, braucht niemand. In den *Now-Quadranten* kommen die Ideen, die große Akzeptanz haben und wenig Risiko bergen, die zum Beispiel schon von einem Wettbewerber umgesetzt wurden. In den *Wow-Quadranten* werden die Ideen gehängt, die neu, mutig, originell und mit den vorhandenen Ressourcen umsetzbar sind. Im *How-Quadranten* befinden sich Ideen, die stark und originell sind, aber mit den vorhandenen Mitteln nicht umgesetzt werden können. Aber vielleicht später?

In deinem Schaubild sind die How-, Wow- und Now-Felder farbig markiert (zum Beispiel durch eine Schraffur oder eine farbige Umrandung mit Washi-Tape). Die Größe der Grafik muss der Anzahl der vorhandenen Ideen gerecht werden.

Jetzt gibst du jedem TN neun Klebepunkte in die Hand: drei grüne, drei rote, drei blaue, entsprechend der Feldfarben. Du forderst sie auf, die Punkte auf ihre drei favorisierten Ideen pro Kategorie zu verteilen. Im Anschluss werden die Ideen, die Punkte erhalten haben, entsprechend ihrer Farben in die Matrix einsortiert. Hat eine Idee zum Beispiel zwei grüne und zwei blaue Punkte, wird gemeinsam abgestimmt, wo sie platziert wird. Am Schluss ergibt sich daraus ein sortiertes Gesamtbild, das gut diskutiert werden kann.

**Tipp:** Die Ideen im How-Quadranten sollten nicht kategorisch als *unrealisierbar* abgestempelt werden. Manchmal liegt hier das größte Potenzial zur Disruption. Ich übersetze das »How« mit »How might we …« und rege die TN an, die Ideen so zu verändern, dass sie im gegebenen Rahmen umsetzbar werden.

## So geht's weiter

Im Anschluss können Ideen für die Umsetzung ausgewählt werden.

---

50 Dave Gray, Sunni Brown und James Macanufo: *Gamestorming*, Sebastopol 2010

● auch im Meeting ● auch Remote ○ für Fortgeschrittene

good bye!
ABSCHLUSS
Methoden

»It always seems impossible until it's done.«

*– Nelson Mandela*

Ein guter Abschluss rundet jeden Workshop ab. Je nach Gruppe, Geschmack oder Zielstellung kann hier mehr Wert auf »Wie war's?« oder auf »Wie geht's weiter?« gelegt werden. Ein guter Abschluss lädt zur Reflexion ein, verfestigt das Geschehene, motiviert zum Weitermachen und/oder stellt ein besonderes Teamgefühl her.

# We are Heroes

Das ist mein Lieblingsabschluss, denn alle gehen danach energetisiert aus dem Workshop. Diese Methode basiert auf dem Workshop-Klassiker »Komplimente-Shower«.

## Wann einsetzen?

Am Ende eines Workshops. Kein Feedback für die Moderatorin, eher eine Anerkennung für jede einzelne TN. Die TN sollten sich gegenseitig einigermaßen gut kennen. Schafft eine sehr positive Stimmung. Bei kleinen bis mittelgroßen Gruppen bis etwa 15 TN.

## So geht's

Du hast Blätter vorbereitet, in deren Mitte ein Superheld oder eine Superheldin abgebildet ist (beide Arten zur Auswahl). Bei der Verwendung von DIN A4-Blättern sollte die Figur nur etwa 12 Zentimeter hoch sein, denn ringsherum muss noch genügend Platz zum Aufkleben von Post-its sein. Das Logo auf dem Helden oder der Heldin (dort, wo normalerweise das S von Supermann steht) ist leer.

Jede TN nimmt sich ein Blatt, und malt als Erstes ihren Anfangsbuchstaben in das Logo. Zudem benötigt jede eine feste Unterlage, einen Stapel kleiner Post-its und einen Stift.

Du sagst: »Welche positiven Superkräfte haben deine Kolleginnen? Bitte schreibe eine Superkraft für jedes Teammitglied auf je ein Post-it. Ein Stichwort oder ein kleiner Satz genügt. Notiere den jeweiligen Namen in einer Ecke.« Dazu haben die TN, je nach Anzahl, 10 bis 15 Minuten Zeit. Im Anschluss gehen die TN durch den Raum – jede hat ihr Superhelden-Blatt auf einer Unterlage und die Post-its mit den Superkräfte-Stichpunkten der anderen TN in der Hand. Trifft die TN auf eine Kollegin, sucht sie deren Post-it heraus und klebt es auf das Blatt der anderen. Das Aufkleben wird kommentiert. Sie sagt also dazu, warum sie denkt, dass die Kollegin diese Superkraft hat. Dass dabei intensive Gespräche entstehen, ist absolut erwünscht, die Gesamtzeit sollte nicht strikt begrenzt werden, denn erfahrungsgemäß sind die hier entstehenden Konversationen sehr wertvoll.

## So geht's weiter

Die TN verlassen den Workshop voller positiver Gefühle.

○ auch im Meeting ○ auch Remote ○ für Fortgeschrittene

DAS WAR DAS BESTE!
DAVON GAB ES ZU VIEL.
DAVON GAB ES ZU WENIG.
DARÜBER MUSS ICH NOCH NACH-DENKEN.
DAS MACHE ICH JETZT ANDERS.
Fünf-Finger-Feedback

# Fünf-Finger-Feedback

## Wann einsetzen?

Das Fünf-Finger-Feedback ist eine einfache, schnelle Feedbackmethode, die man auch regelmäßig am Ende eines Meetings einsetzen kann.

## So geht's

Du hast ein Plakat einer gezeichneten Hand und den dazugehörigen Fragen dabei oder du hängst einfach fünf große Post-its mit den Fragen auf und schreibst »Daumen« oder »Ringfinger« mit einer anderen Farbe in eine Ecke. Jetzt forderst du die TN nacheinander auf, die Fragen unter Zuhilfenahme ihrer Hand zu beantworten. Bei dieser mündlichen Variante besteht die Möglichkeit, Häufungen von Aussagen im Anschluss zu diskutieren oder weiterführende Fragen an die TN zu stellen.

- **Variante 1:** Wenn du das Ganze dokumentieren möchtest, können die TN Post-its neben die Aussagen auf das Plakat kleben.
- **Variante 2:** Du verteilst Ausdrucke mit der Hand und den Fragen, die beschriftet werden können.

Verwende Variante 1, wenn du dir eine direkte Diskussion im Anschluss wünschst, und Variante 2, wenn du die Blätter zu Hause in Ruhe durchlesen möchtest. Vor- und Nachteile: Die zweite Variante lässt zwar authentischere Aussagen zu, aber sie stellt keinen gemeinsamen Abschluss dar.

Wenn du die Fragen verändern möchtest, achte darauf, dass sie nicht übergewichtig negativ sind. Das Ergebnis frustriert nicht nur dich, sondern auch deine TN.

## So geht's weiter

Bei Häufungen kritischer Anmerkungen, solltest du dein Workshopkonzept in den angesprochenen Punkten anpassen.

So war mein Workshop
KOMMENTAR
OZEAN
DES NEUEN

# Plakatfeedback





Diese Methode habe ich in einem Seminar bei Hias Wrba und Herbert A. Meyer kennengelernt. Sie ist ein wunderbar kreativer Abschluss mit vielen Überraschungen. Dabei wird klar, dass jeder TN etwas anderes in den Fokus setzt und die gleiche Veranstaltung auf viele, unterschiedliche Arten wahrgenommen werden kann.

## Wann einsetzen?

Zur Rekapitulation am Ende des Workshops. Wenn während des Workshops noch nicht zu viel gezeichnet wurde.

## So geht's

Du forderst die TN auf, sich in kleinen Gruppen (zwei bis drei TN) zusammenzufinden, verteilst Stifte und pro Gruppe ein Flipchart-Blatt. Du stellst die Fragen: »Was habt ihr mitgenommen? Was ist euch aufgefallen? Was habt ihr gelernt? Was hat euch am meisten beeindruckt?« Jetzt sollen die TN zunächst kurz (5 Minuten) diese Fragen in der Gruppe diskutieren und danach ein Plakat zu ihren Eindrücken entwerfen und zeichnen. Stichwortartige Ergänzungen der Zeichnungen sind erlaubt.

Setze zum Zeichnen einen Zeitrahmen von etwa 15 Minuten. Wenn alle fertig sind, werden die Plakate aufgehängt und die TN stellen ihre Werke nacheinander vor.

## So geht's weiter

Die TN können mit dieser Methode den Workshop gut rekapitulieren, denn sie sehen nicht nur ihre eigenen Wahrnehmungen, sondern auch die der anderen. Häufig gibt es erstaunliche oder humoristische Ergebnisse, die gut hängen bleiben.

**Tipps:**

- Bring ein paar Farben zur Ausgestaltung der Plakate mit. Dann macht es noch mehr Spaß.
- Wenn alle Plakate nebeneinander aufgehängt werden, eignet sich dieses Bild super als Hintergrund für ein Abschluss- oder Erinnerungsfoto mit allen TN.

● auch im Meeting ○ auch Remote ○ für Fortgeschrittene

WELCHE BILDER SPIEGELN FÜR DICH …

# Assoziative Reflexion





Diese Methode ist nicht so sehr bewertend, sondern eher emotional. Sie verankert das Erlebte durch eigene Assoziationen der TN.

## Wann einsetzen?

Am Ende eines Workshops, wenn du Stimmungen und Wahrnehmungen zu deiner Veranstaltung heraushören möchtest und wenn du die TN nochmal dazu bringen willst, den heutigen Tag zu reflektieren.

## So geht's

Du brauchst dazu ein Set von etwa 50 Bildkarten oder einfach Bilder, die du aus Zeitschriften ausgeschnitten hast, mit möglichst diversen Motiven, die Metaphern zulassen (→ siehe auch S. 129, »Picture Improv«). Diese Bilder legst du offen auf einem Tisch aus.

Jetzt forderst du die TN auf, den Workshop innerlich Revue passieren zu lassen. Jede soll an die für sie prägnantesten Momente oder Inhalte denken und sich dann drei Bilder auswählen, bei denen sie den Eindruck hat, sie würden dazu passen. Hier gilt: Wer zuerst kommt, mahlt zuerst. Es können auch Anti-Assoziationen dabei sein. Ein Beispiel: Eine TN hat eine Karte gewählt, auf der eine Schönheits-OP abgebildet ist, weil sie der Meinung ist, dass es gerade nicht darum ging, an der Oberfläche zu kratzen, sondern deutlich tiefer zu gehen.

Im nächsten Schritt halten die TN die Karten für alle sichtbar vor sich und erläutern nacheinander ihre Assoziationen.

**Tipps:**

- Es können auch Zweiergruppen gebildet werden, die sich gegenseitig ihre Assoziationen erzählen und sie im Anschluss gegenseitig der Gruppe vorstellen.
- Mit Einverständnis der TN kann eine filmische Dokumentation erstellt werden. So kann auch nach dem Workshop, als Erinnerung, nochmal angesehen werden, was jede mitgenommen hat. Dass der Film innerhalb der Gruppe bleibt, ist eine Selbstverständlichkeit, sollte aber kommuniziert werden.

## So geht's weiter

Durch die Bildassoziationen erhalten die TN einen zusätzlichen, durch ihre persönlichen Vorerfahrungen geprägten, persönlichen Eindruck des Workshops.

○ auch im Meeting ● auch Remote ○ für Fortgeschrittene

WAS?
WER?
WANN?
VITO
PAUL
Paul Weller
14.07.
LUKE
PIA
08.
KIRA
LUKE
07.
ADAM
KIRA
5.08.
PAUL
MEL
PIA

# Next Steps und Vito

Das Next-Steps-Board schafft eine schnelle Übersicht über die kommenden To-dos und eine Verpflichtung der TN gegenüber ihren Aufgaben.

## Wann einsetzen?

Gegen Ende des Workshops. Wenn eine Aufgabenliste entwickelt wurde, die im Anschluss abgearbeitet werden muss. Wenn am Ende eine Art gemeinsame, verbindliche To-do-Liste für die kommende Zeit erstellt werden soll. Für einfache Aufgaben. Bei komplexerer Aufgabenstruktur würde ich eher ein Kanban-Board einrichten oder eine »Kollaborative Roadmap« erstellen (→ siehe S. 233).

## So geht's

Die Voraussetzung ist eine vorhandene Aufgabenliste. Falls Maßnahmen vorliegen, lässt du die TN im Vorfeld die abgestimmten Maßnahmen in einzelne, umsetzbare Tasks herunterbrechen. Auch möglich: Wenn es nur darum geht, einen Anfang zu machen, lass die TN die direkt nach dem Workshop anstehenden Aufgaben zum Beispiel auf einer »Zurufliste« (→ siehe S. 193) sammeln.

An der Wand hast du eine Tabelle angebracht. Die Spalten heißen: *Was?* (Aufgaben), *Wer?* (Person), *Bis wann?* (Fertigstellungstermin) und *Vito?* (»Kontrolleur«). Vito darf man sich als einen bedrohlichen Mafiaboss vorstellen, der vorbeikommt, um zu fragen, ob man die Aufgabe auch wirklich erledigt hat. Du kannst natürlich auch, je nach TN, einen anderen Bösewicht als Kontrollinstanz benutzen (Vorschläge: Darth, Joker, Cruella).

Jetzt wird gemeinsam festgelegt, in wessen Verantwortungsbereich die Erfüllung der Aufgaben fällt. Der jeweilige Aufgabenerfüller setzt einen Zeitpunkt, zu dem die Aufgabe erledigt sein wird, und die Gruppe wählt einen Kontrolleur. Optional kann ein zusätzlicher Zeitpunkt (zum Beispiel in der Mitte des Zeitraums), zu dem der Kontrolleur das erste Mal in Aktion tritt, und eine Art, wie diese Aktion erfolgt, festgelegt werden.

**Tipp:** Lass die TN unter ihrem Namen rituell unterschreiben, um symbolisch den verbindlichen Charakter zu unterstreichen.

## So geht's weiter

Die TN verlassen den Workshop mit einer gut strukturierten To-do-Liste, zu der sie sich selbst verpflichtet haben.

● auch im Meeting ● auch Remote ○ für Fortgeschrittene

WORKSHOP-EXPERIENCE
10
9
8
7
6
5
4
3
2
1
MOTIVATION ZUM AUSPROBIEREN
NEUES GELERNT
ZIELE ERREICHT
SPASS!

# Workshop-Experience

## Wann einsetzen?

Am Ende oder in der Mitte des Workshops. Schnelle Evaluation der Workshoperfahrung.

## So geht's

Du hängst einige Aspekte, deren Bewertung du für sinnvoll erachtest, auf großen Karten, Kreisen oder Post-its an die Wand. Außerdem gibst du eine Skala von eins bis zehn vor. Beim Verlassen des Raums (oder auch früher, falls du noch darüber diskutieren möchtest) forderst du die TN auf, ihre Bewertung für jeden Aspekt abzugeben. Jede TN erhält so viele Klebepunkte, wie Aspekte vorhanden sind. Klebt eine TN einen Punkt auf fünf oder niedriger, kannst du zudem dazu auffordern, eine Begründung auf einem Post-it zu hinterlassen.

Mit dieser Visualisierung erhältst du schnell einen Überblick, wo Verbesserungspotenzial besteht.

## So geht's weiter

Siehst du eine Ballung in den weniger positiven Bereichen, solltest du nachhaken:

- Wenn du die Methode nicht am Ende des Workshops durchführst, sondern in der Mitte, möglicherweise beim Rausgehen vor der Mittagspause, hast du die Möglichkeit, noch Anpassungen zu machen. Andernfalls kannst du die Ergebnisse nur zur Verbesserung des nächsten Workshops verwenden.
- Bei Ballungen in Bereichen niedriger als fünf kannst du Unklarheiten oder Unzufriedenheiten in einer anschließenden Fragerunde besprechen oder sogar beseitigen.

● auch im Meeting ● auch Remote ○ für Fortgeschrittene

RUCKSACK
MÜLLTONNE

# Rucksack und Mülltonne





## Wann einsetzen?

Ein schöner, einfacher Abschluss für Workshops, bei denen es um Verhaltensveränderungen geht. Für Retrospektiven ebenso geeignet wie für Veranstaltungen, auf denen neue Methoden erprobt wurden.[51]

## So geht's

Du hast zwei Plakate vorbereitet. Eines mit einem Rucksack und eines mit einer Mülltonne. Auf jedem der Plakate sollte genug Platz für Post-its mit den Kommentaren der TN sein. Jetzt fragst du die TN, was sie in ihren Arbeitsalltag mitnehmen werden und was sie gerne loswerden möchten. Was kommt also in den Rucksack und was in die Tonne? Wenn es zum Kontext passt, solltest du darauf bestehen, dass es sich um eigene Verhaltensänderungen handeln muss, also nicht um etwas, auf das die TN nur einen geringen Einfluss haben. Die TN haben jetzt 5 bis 10 Minuten Zeit, ihre Gedanken auf Post-its zu notieren. Im Anschluss hängen sie ihre Post-its kommentierend auf die Plakate.

## So geht's weiter

Die TN verlassen den Workshop mit einer Intention, die sie selbst formuliert haben.

**Tipp:** Vorher kannst du eine imaginäre Reise durch den Workshop durchführen. Dazu forderst du die TN auf, die Augen zu schließen, und erzählst nochmal, was gemacht wurde und was die TN dabei – hoffentlich – gelernt haben. Das ruft den ganzen Workshop zurück ins Gedächtnis und sorgt dafür, dass die TN nicht nur den für sie eindrücklichsten Part betrachten.

---

51 Methode basierend auf der gleichnamigen Methode »Rucksack und Mülltonne« in »Seminar-Abschluss«: https://wir-trainieren.de/werkzeugkoffer/seminar-abschluss/?utm_content=cmp-true

# ANHANG

# Checkliste zur Workshopvorbereitung

## Konzept-Check

- ○ Erreichen wir damit die Ziele?
- ○ Werden die TN Spaß haben?
- ○ Sind die Übungen in der eingeplanten Zeit möglich

## Konzept vollständig?

- ○ Schöne Einleitung?
- ○ Kennenlernen? Verabschiedung?
- ○ Regeln und Vereinbarungen?
- ○ Pausen?
- ○ Spaß und Erholung vom Denken?
- ○ Zeiten gecheckt?
- ○ Ausgedruckt?

## Kommunikation

- ○ Einladungen verschickt?
- ○ Vorbereitung für die TN?
- ○ Was müssen die TN wissen?
- ○ Was muss der Auftraggeber wissen?
- ○ Sind allen TN Datum, Uhrzeiten und Ort bekannt?
- ○ Agenda verschickt?

## Räume

- ○ Ausreichend Platz?
- ○ Wandbeschaffenheit geeignet?
- ○ Genügend Klebe- und Aufhängeflächen?
- ○ Ausreichend Privatsphäre?
- ○ Ausstattung? Technik?
- ○ Aufstellung der Stühle? Tische?
- ○ Platz für …?
- ○ Kleiderhaken? Abstellfläche?
- ○ Ausweichräume?
- ○ Wege zu den Toiletten?
- ○ Lüftung? Getränke? Snacks?

## Material

- ○ Fertige Plakate in der Rolle
- ○ Flipchart-Blätter
- ○ Filzstifte, Marker für Whiteboard und Flipchart, Farben, Wachsmalkreiden
- ○ Papier, Notizbücher
- ○ Post-its – klein, groß, normal, Pfeile, Wolken, Herzen
- ○ Klebepunkte
- ○ Schere, Klebstoff, Pins
- ○ Washi-Tape, Malerkrepp oder Kreppklebeband, transparentes Klebeband
- ○ Packpapier
- ○ Stoppuhr, Time Timer
- ○ Smartphone und Ladekabel
- ○ Sonderequipment: Lego, Bälle, Spaghetti, Verkleidung, Handpuppen und so weiter

## Rahmenprogramm

- ○ Programm?
- ○ Essen und Trinken? Während des Workshops und danach?
- ○ Eventuell Transport?
- ○ Wer organisiert und zahlt?
- ○ Gegebenenfalls Ansprechpartner?

# Methodenübersicht

| Seite | 118 **Intro-Methoden** | 121 Fragewolken | 123 Zwei Wahrheiten, eine Lüge | 125 Personal Maps | 127 Hobby-Start-up | 129 Picture Improv | 131 Soziometrie | 132 **Gehirn-Cleaner-Methoden** | 135 Crazy Human Machine | 137 String Theory | 139 Teambingo | 141 Akronymos | 143 Äpfel und Köpfe | 145 Ernie und Bert |
|---|---|---|---|---|---|---|---|---|---|---|---|---|---|---|
| Kompetitiv | | Nein | Ja | Nein | Nein | Nein | Nein | | Nein | Nein | Ja | teils | Ja | Nein |
| Bewegung | | Nein | Nein | Nein | Nein | Nein | Ja | | Ja | teils | teils | Nein | Nein | teils |
| Role Play | | Nein | Nein | Nein | Nein | Nein | Nein | | Nein | Nein | Nein | Nein | Nein | Nein |
| Zeichnen & Malen | | Nein | Nein | Nein | Nein | Nein | Nein | | Nein | Nein | Nein | Nein | teils | Nein |
| Hohe Emotionalität | | Nein | teils | Nein | Nein | Nein | Nein | | teils | Nein | teils | Nein | teils | Nein |
| Aufwecken | | Nein | Ja | Nein | Nein | Nein | Nein | | Ja | Nein | Ja | Ja | Ja | teils |
| Kennenlernen und Teamgefühl | | Ja | Ja | Ja | Ja | Ja | Ja | | teils | teils | teils | Nein | Nein | Nein |
| Einstimmen und Vorbereiten | | Nein | Nein | Nein | teils | teils | Nein | | Nein | Nein | Nein | teils | Ja | teils |
| Kommunikation verbessern | | Nein | Nein | Nein | Nein | Nein | Nein | | Nein | Nein | Nein | Nein | Nein | Nein |
| Perspektivwechsel | | teils | Nein | teils | teils | teils | teils | | Nein | Nein | Nein | Nein | Nein | Nein |
| Vergangenheit reflektieren | | Nein | Nein | Nein | Nein | Nein | Nein | | Nein | Nein | Nein | Nein | Nein | Nein |
| Zukunft gestalten | | Nein | Nein | Nein | Nein | Nein | Nein | | Nein | Nein | Nein | Nein | Nein | Nein |
| Mit Konflikten umgehen | | Nein | Nein | Nein | Nein | Nein | Nein | | Nein | Nein | Nein | Nein | Nein | Nein |
| Pläne machen | | Nein | Nein | Nein | Nein | Nein | Nein | | Nein | Nein | Nein | Nein | Nein | Nein |
| Ideen generieren | | Nein | Nein | Nein | Ja | Ja | Nein | | Nein | Nein | Nein | Nein | Nein | Nein |
| Vision & Ziele | | Nein | Nein | Nein | Nein | Nein | Nein | | Nein | Nein | Nein | Nein | Nein | Nein |
| Bewerten & Evaluieren | | Nein | Nein | Nein | Nein | Nein | Nein | | Nein | Nein | Nein | Nein | Nein | Nein |
| Unter 20 Min (max. 10 TN) | | Ja | Nein | Nein | Nein | Nein | Ja | | Ja | Ja | Ja | Ja | Ja | Ja |
| Mit Post-its | | Nein | Nein | Ja | Nein | Nein | Nein | | Nein | Nein | Nein | Nein | Ja | teils |
| Besonderes Material benötigt | | Nein | Nein | Nein | Nein | Ja | Nein | | Nein | Ja | Nein | Ja | Nein | Nein |
| Mit Vorbereitung | | Ja | teils | teils | teils | Nein | Nein | | Nein | Nein | Ja | Ja | Nein | teils |
| **auch im Meeting** | | Ja | Ja | Ja | Ja | Ja | Ja | | Ja | Nein | Nein | Ja | Ja | Ja |
| **auch Remote** | | Ja | Ja | Ja | Ja | Nein | Nein | | Nein | Nein | Nein | Ja | Nein | Nein |
| **für Fortgeschrittene** | | Nein | Nein | Nein | Nein | Nein | Nein | | Nein | Nein | Nein | Nein | Nein | Nein |

● Ja ◐ teils ○ Nein

| | | | | | | | | | | | | | | | | | | | | | | | | | |
|---|---|---|---|---|---|---|---|---|---|---|---|---|---|---|---|---|---|---|---|---|---|---|---|---|---|
| **146** | **Awareness-Methoden** | | | | | | | | | | | | | | | | | | | | | | | | |
| 149 | Five Why | ○ | ● | ● | ◐ | ○ | ○ | ● | ○ | ○ | ○ | ○ | ○ | ○ | ◐ | ○ | ◐ | ● | ○ | ○ | ○ | ○ | ○ | ○ | ○ |
| 151 | Hoffnungsloses Song-Raten | ○ | ● | ● | ○ | ○ | ○ | ● | ○ | ○ | ○ | ○ | ○ | ○ | ○ | ◐ | ● | ● | ○ | ◐ | ○ | ○ | ○ | ◐ | ○ |
| 153 | Summer Meadows | ○ | ○ | ○ | ◐ | ○ | ○ | ○ | ○ | ◐ | ○ | ○ | ○ | ○ | ○ | ◐ | ● | ● | ○ | ○ | ○ | ● | ○ | ○ | ○ |
| 155 | Spaghettiturm | ○ | ○ | ○ | ◐ | ● | ○ | ○ | ○ | ○ | ○ | ◐ | ○ | ○ | ○ | ◐ | ● | ● | ◐ | ● | ◐ | ○ | ○ | ● | ● |
| 157 | Fiktive Personas | ○ | ● | ○ | ● | ○ | ● | ○ | ◐ | ◐ | ◐ | ○ | ○ | ◐ | ○ | ● | ◐ | ● | ○ | ○ | ○ | ○ | ◐ | ○ | ○ |
| 159 | Prozess-Quickie | ○ | ● | ○ | ● | ● | ○ | ● | ○ | ○ | ○ | ○ | ○ | ○ | ○ | ○ | ○ | ● | ○ | ● | ◐ | ○ | ○ | ◐ | ● |
| 161 | Copy-and-paste | ○ | ○ | ○ | ● | ○ | ○ | ● | ○ | ○ | ○ | ○ | ○ | ○ | ○ | ◐ | ● | ● | ○ | ○ | ○ | ● | ○ | ○ | ○ |
| 163 | Eisenhower-Matrix | ○ | ● | ● | ● | ○ | ● | ○ | ◐ | ◐ | ○ | ○ | ○ | ○ | ○ | ○ | ○ | ◐ | ○ | ○ | ○ | ○ | ○ | ○ | ○ |
| **164** | **Team- und Retro-Methoden** | | | | | | | | | | | | | | | | | | | | | | | | |
| 167 | Teamfeedback | ○ | ● | ● | ○ | ○ | ● | ● | ◐ | ◐ | ◐ | ◐ | ◐ | ● | ● | ○ | ○ | ○ | ◐ | ○ | ○ | ○ | ○ | ○ | ○ |
| 169 | Hollywood | ○ | ○ | ○ | ◐ | ○ | ○ | ○ | ◐ | ○ | ○ | ○ | ○ | ○ | ● | ◐ | ○ | ◐ | ○ | ◐ | ◐ | ● | ○ | ○ | ○ |
| 171 | Zuhören und Paraphrasieren | ○ | ● | ● | ○ | ○ | ○ | ○ | ○ | ○ | ○ | ○ | ● | ○ | ○ | ◐ | ● | ○ | ◐ | ○ | ○ | ○ | ○ | ○ | ○ |
| 173 | Kollegiale Beratung | ○ | ● | ● | ○ | ○ | ○ | ○ | ○ | ○ | ◐ | ○ | ● | ● | ◐ | ◐ | ● | ○ | ◐ | ○ | ○ | ○ | ○ | ○ | ○ |
| 175 | Roles and Expectations | ○ | ● | ● | ○ | ○ | ● | ○ | ○ | ◐ | ○ | ○ | ◐ | ● | ○ | ◐ | ○ | ○ | ◐ | ○ | ○ | ○ | ○ | ○ | ○ |
| 177 | Das Segelschiff | ○ | ● | ● | ○ | ○ | ● | ○ | ◐ | ● | ◐ | ◐ | ◐ | ● | ● | ○ | ○ | ○ | ◐ | ○ | ○ | ○ | ○ | ○ | ○ |
| 179 | Zeitmaschine | ○ | ● | ● | ○ | ○ | ● | ○ | ◐ | ● | ◐ | ○ | ◐ | ● | ● | ◐ | ○ | ○ | ○ | ○ | ○ | ○ | ○ | ○ | ○ |
| 181 | Lagerfeuerdialog | ● | ○ | ○ | ○ | ◐ | ○ | ○ | ○ | ○ | ○ | ○ | ● | ◐ | ● | ● | ◐ | ○ | ◐ | ○ | ● | ○ | ○ | ○ | ○ |
| 183 | Positionskarussel | ● | ○ | ○ | ○ | ○ | ● | ○ | ○ | ○ | ◐ | ○ | ● | ● | ◐ | ● | ◐ | ○ | ◐ | ○ | ● | ○ | ○ | ○ | ○ |
| 185 | Talk the Talk and Walk the Walk | ○ | ● | ○ | ● | ○ | ○ | ○ | ○ | ○ | ◐ | ● | ○ | ● | ○ | ○ | ○ | ○ | ○ | ○ | ○ | ○ | ○ | ○ | ○ |
| 187 | Our Story | ○ | ○ | ○ | ● | ○ | ○ | ○ | ○ | ○ | ○ | ○ | ○ | ◐ | ● | ◐ | ○ | ○ | ● | ○ | ● | ○ | ○ | ○ | ○ |

| Seite | **188 Innovation und Ideation** | 191 Brainstorming | 193 Zuruflisten | 195 Speed-Creating | 197 Design Studio | 201 »Jobs to be done«-Quickie | 203 Visual Brain Teaser | 205 Analogie-Booster | 207 1-12-3-Quickie | 209 Scenario-Brainstorm | 211 Provokation! | **212 Vision, Strategie und Planung** | 215 Vision, Ziele, Maßnahmen, Messwerte | 217 Nachrichten aus der Zukunft | 219 In die Zukunft! | 221 Zielarten |
|---|---|---|---|---|---|---|---|---|---|---|---|---|---|---|---|---|
| Kompetitiv | | Nein | Nein | Nein | Nein | Nein | Nein | Nein | Nein | Nein | Nein | | Nein | Nein | Nein | Nein |
| Bewegung | | Nein | Nein | Nein | Nein | Nein | Nein | Nein | Nein | Nein | Nein | | Nein | Nein | Nein | Nein |
| Role Play | | Nein | Nein | Nein | Nein | Nein | Nein | Nein | Nein | Ja | Nein | | Nein | Nein | Nein | Nein |
| Zeichnen & Malen | | Nein | Nein | Nein | Ja | Nein | Nein | Nein | Nein | Nein | Nein | | Nein | Nein | Ja | Nein |
| Hohe Emotionalität | | Nein | Nein | teils | Nein | Nein | Nein | Nein | Nein | Nein | Nein | | Nein | Nein | Nein | Nein |
| Aufwecken | | Nein | Nein | Nein | Nein | Nein | Nein | Nein | Nein | Nein | Nein | | Nein | Nein | Nein | Nein |
| Kennenlernen und Teamgefühl | | Nein | Nein | Nein | Nein | Nein | Nein | Nein | Nein | Nein | Nein | | Nein | Nein | Nein | Nein |
| Einstimmen und Vorbereiten | | Nein | teils | Nein | Nein | Nein | Nein | Nein | Nein | Nein | Nein | | Ja | teils | Nein | Nein |
| Kommunikation verbessern | | Nein | Nein | Nein | Nein | Nein | Nein | Nein | Nein | Nein | Nein | | Ja | Nein | Nein | Nein |
| Perspektivwechsel | | Nein | Nein | Nein | Nein | teils | teils | teils | teils | Ja | teils | | Nein | Ja | Ja | teils |
| Vergangenheit reflektieren | | Nein | Nein | Nein | Nein | Nein | Nein | Nein | Nein | Nein | Nein | | Nein | Nein | Nein | Nein |
| Zukunft gestalten | | teils | teils | teils | teils | teils | teils | teils | teils | teils | teils | | teils | Ja | Ja | Ja |
| Mit Konflikten umgehen | | Nein | Nein | Nein | Nein | Nein | Nein | Nein | Nein | Nein | Nein | | Nein | Nein | Nein | Nein |
| Pläne machen | | Nein | Nein | Nein | Nein | Nein | Nein | Nein | Nein | Nein | Nein | | Nein | teils | teils | teils |
| Ideen generieren | | Ja | Ja | Ja | Ja | Ja | Ja | Ja | Ja | Ja | Ja | | Nein | Ja | teils | Nein |
| Vision & Ziele | | teils | teils | teils | teils | teils | teils | teils | teils | teils | teils | | Ja | Ja | Ja | Ja |
| Bewerten & Evaluieren | | teils | teils | Nein | Nein | Nein | Nein | Nein | Nein | teils | Nein | | Nein | Nein | Nein | Nein |
| Unter 20 Min (max. 10 TN) | | Nein | Ja | Nein | Nein | Nein | Nein | Nein | Nein | Nein | Nein | | Ja | Nein | Nein | Nein |
| Mit Post-its | | Ja | teils | Ja | Ja | Ja | Ja | Ja | Ja | Ja | Ja | | Nein | Nein | Ja | Nein |
| Besonderes Material benötigt | | Nein | Nein | Nein | Nein | Nein | Ja | Nein | Nein | Nein | Nein | | Nein | Nein | Nein | Nein |
| Mit Vorbereitung | | Nein | Nein | Nein | Ja | teils | Nein | teils | Nein | Ja | Nein | | Ja | Ja | Ja | Ja |
| **auch im Meeting** | | Ja | Ja | Ja | Nein | Nein | Nein | Nein | Ja | Nein | Ja | | Nein | Nein | Nein | Nein |
| **auch Remote** | | Ja | Ja | Nein | Nein | Ja | Ja | Ja | Ja | Nein | Ja | | Ja | Ja | Nein | Ja |
| **für Fortgeschrittene** | | Nein | Nein | Nein | Ja | Nein | Nein | Nein | Nein | Nein | Nein | | Nein | Nein | Nein | Nein |

● Ja ◉ teils ○ Nein

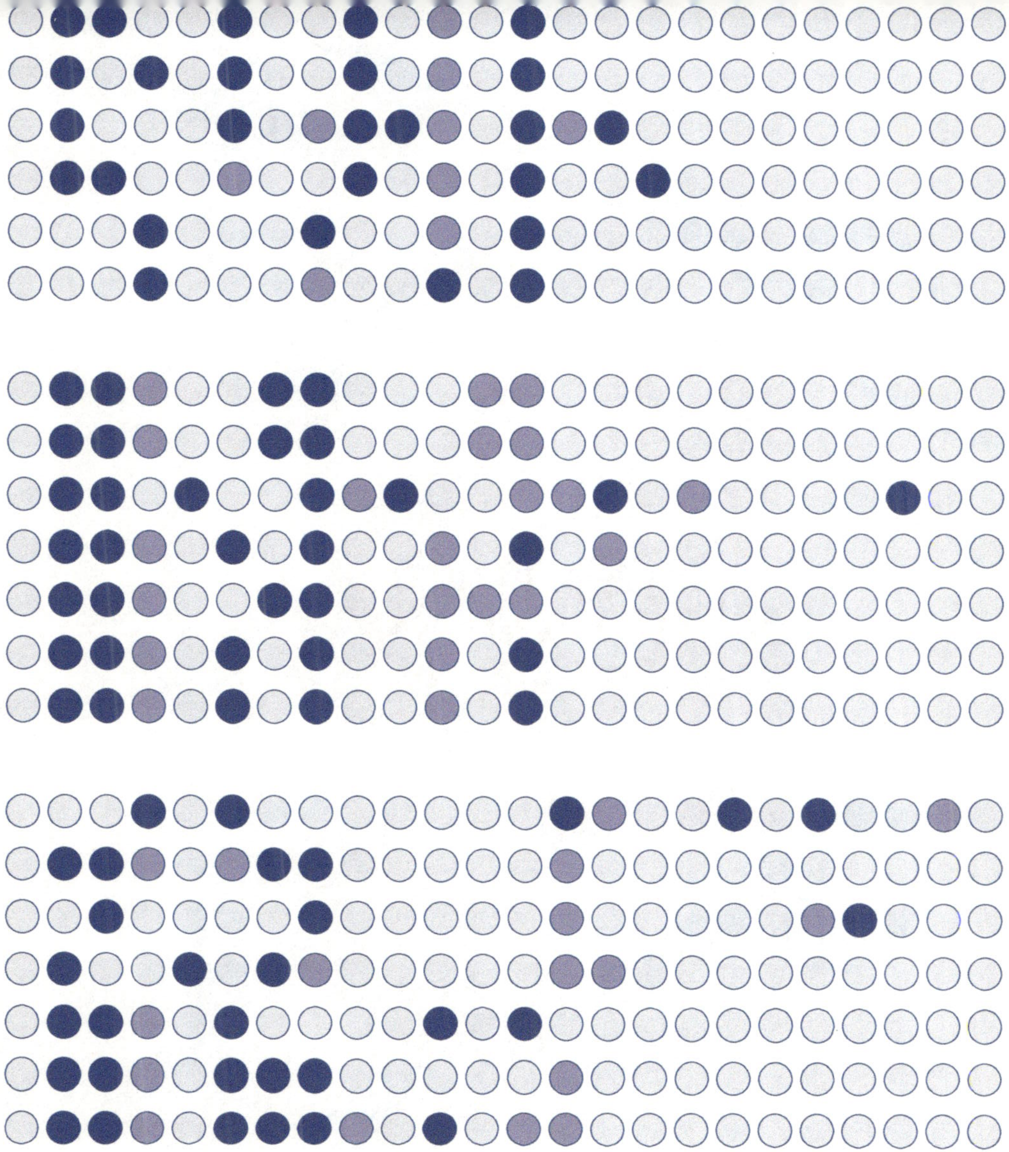

223 Zielkreuz
225 Canvasing
227 Kill your Company
229 Ziele formulieren
231 Maßnahmenbewertng
233 Kollaboratives Roadmapping

**234 Bewertung und Priorisierung**

237 Bewertung auf einer Skala
239 Polaritätsprofil
241 Denkhüte
243 Bet-Cost-Matrix
245 Evaluationszielscheibe
247 Konsensmatrix
249 How-Wow-Now-Matrix

**250 Abschlussmethoden**

253 We are Heroes
255 Fünf-Finger-Feedback
257 Plakatfeedback
259 Assoziative Reflexion
261 Next Steps und Vito
263 Workshop-Experience
265 Rucksack & Mülltonne

merci

# Danke!





Am Schluss will ich mich bedanken. Bei allen, die irgendwie an diesem Buch beteiligt waren und es überhaupt erst möglich gemacht haben.

- Bei Alice Ebling (https://www.alice-ebling.de) für das Character Design der tollen, vielseitigen und willensstarken Figuren, deren Umsetzung mir immer wieder Spaß macht.
- Bei Nadine Rossa (https://nadine-rossa.de) für die unkomplizierte Kontaktherstellung.
- Bei Lisa Freienberg von Campus für alles Mögliche, aber vor allem für Geduld.
- Bei Markus Klose (https://dieguteagentur.de/), dem tollsten Literaturagenten der Welt.
- Bei Katrin Hempel und Franziska Hahn, die ein sehr kritisches Auge auf das Manuskript geworfen haben.
- Bei Moni und Silvia Bundschuh (https://www.bundschuh-hutdesign.de), Jürgen Schulze-Seeger (https://bridgehouse.de/), Bärbel Boy (https://www.its-a-boy.de) und Natalija Yefimkina (wikipedia.org/wiki/Natalija_Yefimkina) für Inspiration, Bestärkung und Weitermach-Motivation.
- Bei Mam, Dad und meinen Vorfahren, die ihre – für mich oft rätselhaften – Haltungen und Gene an mich weitergegeben haben und damit dafür sorgen, dass ich hin und wieder Sachen mache, die mich wirklich glücklich machen.
- Bei allen Lebenden und Toten, deren Wissen und Ideen in dieses Buch eingeflossen sind. Wir sitzen im Schatten der Bäume, die andere gepflanzt haben.
- Und am Schluss vor allem bei Jörg Schöpfel, fürs Kopf-zurecht-Rücken, fürs Streiten, fürs Übers-Streiten-Lachen, fürs Verstehen und Hinterfragen. Und natürlich fürs leckere Essen.